為什麼顧客常說：
謝謝，我不需要！

Selling Sucks: How to Stop Selling and
Start Getting Prospects to Buy!

小法蘭克‧朗包卡斯◎著
莫策安◎譯

高寶書版集團

致富館 179

為什麼顧客常說：謝謝，我不需要！

Selling Sucks: How to Stop Selling and Start Getting Prospects to Buy!

作　　者：小法蘭克・朗包卡斯（Frank J. Rumbauskas Jr.）
翻　　譯：莫策安
總 編 輯：林秀禎
編　　輯：周瓊鈺、吳怡銘
校　　對：吳怡銘、張逸杶
出 版 者：英屬維京群島商高寶國際有限公司台灣分公司
　　　　　Global Group Holdings, Ltd.
地　　址：台北市內湖區洲子街88號3樓
網　　址：gobooks.com.tw
電　　話：(02) 27992788
E-mail：readers@gobooks.com.tw（讀者服務部）
　　　　　pr@gobooks.com.tw（公關諮詢部）
電　　傳：出版部（02）27990909　行銷部（02）27993088
郵政劃撥：19394552
戶　　名：英屬維京群島商高寶國際有限公司台灣分公司
發　　行：希代多媒體書版股份有限公司/Printed in Taiwan
初版日期：2009 年6月

國家圖書館出版品預行編目資料

為什麼顧客常說：謝謝，我不需要！/小法蘭克・朗包卡斯
　　（Frank J. Rumbauskas Jr.）著. -- 初版. -- 臺北市：高寶國際,
　　2009.6　　面；　公分 --（致富館；179）
　　譯自：Selling Sucks: How to Stop Selling and Start Getting
　　　　Prospects to Buy!

　ISBN 978-986-185-315-4(平裝)

　1.銷售

　496.5　　　　　　　　　　　　　　　　　　98008360

Contents

Contents

前　言

如果你覺得業務只是單純的推銷；不具其他專業和價值的工作時，那麼，我會告訴你選錯行業了，應該馬上改行才對。

不過，這本書可不是在談職涯規劃，一本關於銷售的書，重點在告訴你為何推銷行為是最不可能達成銷售目標的一種做法。

這聽起來似乎有些互相矛盾？實際上不然。讀完本書後，你就知道為什麼推銷無法助你達成銷售目標。你也許在讀完第 1 章後就瞭解我的想法，也許你要多花些時間才明白我的意思，不過不管如何，最後你會瞭解推銷，其實只是在浪費時間而已。

如果你靠推銷為生，那麼，你不僅失去了許多成交的機會，甚至從一開始就失去許多潛在客戶。

或許你還不瞭解我這麼說的意義？打從一開始，潛在客戶是想跟你合作的，但你卻沒給他們這個機會，反而直接開始進行銷售行為。舉例來說，如果晚餐想吃鮭魚，有兩種方法可以完到你的願望。第一個方法，去一趟阿拉斯加，花幾千美元租條好船跟釣魚工具，接著出海捕魚，再把捕來的魚清理完畢後，你就可以把魚下鍋做晚餐；第二個方法，就是去附近的超市或魚市買條鮭魚回家。

不管用哪一個方法，都吃得到鮭魚。幸好，前人的經驗告訴你用第二個方法就好，讓你省下不少功夫與時間。但在銷售的世界裡，前輩們卻教我們較辛苦且老套的第一個方法——「土法鍊鋼」，而不是其他省時省力簡單明瞭又可行的方式。

舊的方法不僅沒有意義，成效更是有限。簡單來說，你早該拋棄銷售行為。現在，你是否準備好捨棄舊時的做法，以全新的姿態重新開始？

做了很久的業務員後，我才在無意間明白銷售的藝術，發現更好的做法。一開始，前輩們教我要狂做電話行銷，但這卻對業績一點幫助也沒有；直到好幾年之後，我才發現如何不靠電話行銷，為自己開拓人脈。突然間，我手邊開始有數不盡的優質潛在客戶，每天的行程就是不斷的與客戶碰面；但我成交的案子，卻未與手邊擁有的潛在客戶數呈正比。

問題出在哪裡？因為接到電話才與你碰面的潛在客戶，對見面的目的心知肚明。因為電話行銷，純粹是為了銷售行為而存在的一個動作。與潛在客戶間的互動以推銷為起點，他們自然非常明白你希望達成交易的心態與目的；雖然不喜歡，但他們早已習慣了，對你的所作所為也了然於心。

然而，會主動打電話給你的人，卻抱持不同的想法。透過電話行銷取得的潛在客戶，與主動聯絡你的潛在客戶，兩者間最大的差異，在於主動聯絡你的人，是願意向你購買產品或服務的人，你用不著推銷，他們自然會購買

你的產品。相反的，若你在他們毫不設防時，卻開始所謂的銷售行為，則會招來他們的嫌惡。

事實上，我不認為有人喜歡被強迫推銷，這對整個銷售過程，對買賣雙方也都是一種折磨。

在我明白如何停止推銷行為、讓人們主動向我購買服務與產品後，我的業績才開始突飛猛進，這才是成功的業務員會做的事。

成功的業務員從不推銷，他們做的只是創造利於購買的各種條件，接著便順其自然達成交易。

這讓我想起一件事，你是否注意到成功的業務員從不大放厥詞，也從不告訴其他人，如何達成超高的銷售業績？

這是人之常情。如果你也是個成功的業務員，你會與他人分享你成功的祕訣，增加自己的競爭對手嗎？

不過，只要讀過本書，你就知道頂尖業務員的祕密，也明白怎麼做才能跟他們一樣成功。切記！他們絕不從事任何推銷的動作。

　　接下來，就讓本書帶領你走進頂尖業務員的內心，學習他們的祕訣，瞭解他們會做哪些事？與絕對不做哪些事？從中汲取經驗與精髓，並運用在實際生活裡。如此一來，你才能成為一個頂尖業務員；懂得掌控銷售狀況；明白如何培養自己，成為該行業的翹楚。

　　瞭解如何以你從未想過的方式，透過網路吸引潛在客戶；學習在社交場合裡，成為眾人的焦點，而不再被動的等待潛在客戶上門。

　　成為頂尖業務員其實一點也不難，你要做的只是學習一套有用的做事方法。成功與天賦無關，頂尖業務員不是企業經營者的好朋友，他們只是遵循一套每個人都可以透過學習而獲得的技巧，簡單明確，只要看完本書就會明白該怎麼做。

　　閱讀本書時，你必須學會用新的方式去思考，用頂尖業務員的觀點去觀察這個世界，他們工作不一定比其他業務員辛苦，業績卻是其他人的兩、三倍以上。再過一分鐘，你就可以學到頂尖業務員不願分享的知識與技巧。

你會學習到如何不再利用推銷，就可以讓潛在客戶主動向你購買產品。這是件值得慶賀的事情，因為拼命推銷真的一點成效也沒有。

第 *1* 章
喔，這該死的推銷！

要能成功銷售，就先建立江湖地位，
讓真正需要購買產品的潛在顧客，
衝著你是業界的專家主動找上門來。

Selling
Sucks!

頂尖業務員根本不用推銷，他們有能力吸引
想要購買的客戶上門。

　　既然你我都知道推銷是沒有價值的銷售方法，我們為
何一直不斷的重複這個動作？

　　我早已不用推銷的方式，也很久沒這麼做了。而且，
這早在我還是個業務員時就已不再推銷，而在成為頂尖業
務員後，不靠推銷，我的業績也一直維持在最佳狀態。在
進入業務訓練的領域後，我不靠任何推銷行為，便成功售
出產品與服務。以及，不靠任何推銷行為，我成了一個暢
銷書的作者，而且書籍銷量極佳。

　　許多榮登超級業務員排行榜的業務，常被別人誤會是
企業經理人的好朋友，或是可以在不費吹灰之力下，拿到
許多潛在客戶的名單。事實上，這些都是多數人對他們的
誤解。他們的成功其來有自，絕非無中生有，卻也不是靠
推銷。

　　說到這裡，我知道你心裡在想什麼：世界上怎麼可能有人賣東西，卻不用推銷？

　　舉例來說，當初我為了要寫這本書而買電腦時，業務員談成了一筆生意，但他卻沒有用到任何銷售行為。買車時，我明白我想要怎樣的車子，也知道該去哪裡用什麼價格來買，售車的業務員談成了一筆生意，而他也沒有用到任何銷售行為。每次我想要買熱門表演的前排門票時，我都得打電話給熟識的售票人員跟他買票，他用不著賣我，事實上，反而是我懇求他賣票給我。

　　現在你可能會想：聽起來很容易、又乾脆，不過你在講的是客戶會自動上門的行業吧！我呢？我可是跑外勤的業務員耶！沒有潛在客戶名單，我得猛打電話做行銷，得與客戶碰面，花上大半天時間開車在各個發表會中奔波。我得賣東西啊，而你所說的那一套對我沒用的！

　　先別下定論，因為這樣的想法可是大錯特錯。

　　身為公司的經營者，我可以告訴你，我剛提出的這個方式，更適用於企業間的合作，只是我們對「推銷」的

解讀稍有不同。你想必認為，「銷售」即是「談成一筆生意」；但對我而言，「購買」才是「談成一筆生意」。

在我的認知裡，**「推銷」的對象從來都不是需要產品的潛在客戶，業務員只是試圖說服某個沒有購買意願的人**，向你購買一個他不需要的產品或服務，而你推銷的對象一點也不想跟你有更深層的互動關係。很不幸的，幾乎大部分的銷售都是以這種型態存在。

提到「推銷」，相信大家腦中所浮現的是，擾人的行銷電話，或是在街上突然有個人向前跟你搭訕，再不然就是準備一套制式的開場白，用在每個顧客身上。相信很多的業務員都被訓練的有點油條，說辭更是陳腔濫調。

現在，換個立場來看：每天都有優質的潛在客戶上門找你，當你透過電話回覆時，感受到他們興奮的情緒，而碰面時不怕節外生枝。你說什麼客戶都點頭如搗蒜，輕鬆愉快的完成交易。甚至，他們對產品價格與服務的品質也不會有任何異議，根本不需用到任何銷售的技巧，就完成一筆生意。

所以說，只有在處理不想跟你合作的客戶時，才會需要「推銷」；如果客戶想購買產品或服務時，一切都好辦。

當他們想要向你購買產品或服務時，你要做的只是與他們合作，卻不需要消弭任何反對意見，你該做的就是滿足需求。當客戶瞭解你的產品，主動上門時，他們自然會向你購買，你完全用不著巴著客戶做推銷。

頂尖業務員根本不用推銷，他們有能力吸引想要購買的客戶上門，輕而易舉談成這些勢在必得的生意。**一個成功的業務員，必須像管弦樂隊的指揮，而非遵循的樂師。**成功的業務員處理好所有條件，將事情的發展導向他們希望的結果，也就是萬事具備並吸引想購買產品的客戶，引導他們採取行動。用不著電話行銷、用不著逼客戶做決定、用不著惹毛他們、用不著樹立敵人、用不著那些備受質疑的成交技巧。

然後，順利談成一筆生意。

有人批評我把業務員洗腦成接單員，我反駁他們，有哪一個理智的業務員，不想當個訂單源源不絕的接單員？

我只是教導業務員不要再做不符合成本的推銷工作，幫助他們成為頂尖業務員，懂得創造條件、增加客戶的購買意願，然後成交。

如果你想繼續承受推銷帶來的壓力，想繼續用原來的方式向顧客推銷你的產品，對於銷售所面臨的瓶頸並不會改善。不過**如果你想當個頂尖業務員，學習如何創造條件提升客戶的購買意願**，讓自己不用任何銷售技巧就能談成生意，那麼你就該繼續閱讀本書。

我仔細研究過許多頂尖業務員的做法，以及生活中的每一個小細節。不用每天工作 12 小時、血壓不時升高、胃部不時因緊張而痙攣，我們都一直維持著令人欣羨的銷售業績。事實上，只要掌握箇中訣竅，你會發現成為頂尖業務員一點也不困難。

大家都以為成功的業務員靠的是天賦，而非後天的訓練，事實上，這是個錯誤的觀念。他們之所以成功，在於擁有必要的知識與明白成為頂尖業務員的技巧。

說實在的，每個人都可以學習、執行這一整套簡單

的技巧對業務員的確是個好消息。我最近拜讀尼爾・史
特勞斯的大作《把妹達人》，是尼爾的親身經歷，描述自
己原本是個沒有女人緣的「感情肉腳」，決心參加把妹訓
練營，拯救自己的人生，成為一個把妹達人。他花了兩
年學習研究、參加座談會與工作坊、外出練習他新學到的
技巧，在短短一段時間內，他已成為全世界知名的把妹達
人。最後，在他遇上眾人夢寐以求的美麗名媛女友、並與
她墜入愛河後，就退出這場把妹遊戲了。

　　這個例子告訴我們，就連把妹達人也得靠後天培養，
而非天生就有把妹功力。大部分的人會告訴你，沒有人會
因為學了把妹技巧，在短時間內從沒人要的宅男化身為萬
人迷，成為其他男性同胞尊敬的對象。不過他辦到了，所
以，你也可以。我的意思是，在工作中你也能因後天的學
習而無往不利。

　　剛成為業務員時，我也是個生性害羞內向的傢伙，銷
售對我而言簡直是困難透頂。但在學會相關技巧後，我就
成了頂尖業務員，訂單源源不絕，也不需要改變自己的個

性。我需要的只是實際知識：頂尖業務員會用的技巧。

同樣地，你也用不著改變自己，你只需要學會一套新的技巧。本書會告訴你成為頂尖業務員的做法，並用簡單易懂的方式加以說明，如此一來，你便能迅速上手。

向過去拚老命推銷產品的日子說再見，準備進入頂尖業務員的世界吧！你我都知道其他頂尖業務員，是不會輕易向他人吐露成功祕訣，畢竟多數人都不想增加競爭對手。不過，我就是來告訴你頂尖業務員的祕訣。

第 **2** 章
頂尖業務員都充滿說服力

一個具有說服力的業務員，

是可以引起他人的購買欲望，

這正是善於推銷的人與具有說服力的人的差別。

Selling
Sucks!

操控他人者，心中只有自己的利益；說服他
人者，則是為交易雙方製造雙贏的情況。

你有說服力嗎？請注意，我說的並不是「善於推銷的
人」，而是「具有說服力的人」。

你要瞭解，頂尖業務員從不推銷的。推銷是指盡力
說服某個沒有購買意願的人，向你購買一個他不需要的產
品或服務。換句話說，就算你過去藉著推銷成交了多筆生
意，其中一定有人並非打從心底願意跟你購買，只是碰巧
或是持續施壓到他們投降為止。只有在潛在客戶沒有購買
意願時，才會需要用到推銷。

挑起顧客的購買欲望

一個具說服力的人，是有能力可以引起他人的購買欲
望，這正是善於推銷的人與具有說服力的人的差別。推銷

員從未引起潛在客戶的購買意願，他是透過一連串的步驟手法，強迫客戶購買產品或服務。這些步驟通常是過時銷售手法，例如：產品的優點描述、比較他牌產品電話行銷等，一大堆不符社會禮儀規範的成交技巧。我不用多說，想必你對它們也毫不陌生。

以他人利益為先

大衛・拉卡尼（Dave Lakhani）在《說服：實現你願望的藝術》一書中，指出「說服」與「操控」的差別，不管從目的或想法來說，操控他人與推銷，其實大同小異。他在書中指出，**說服與操控最大的差別，前者以自己的利益為出發點，促成某人做某事；而說服，卻是以雙方利益為基準，促成某人去做某事。**

回想一下你過去曾經成交的案子，還有背後的動機。你是為了幫助客戶？或是單純為了成交後，可以拿到的佣金？

　　請你誠實的面對自己，回想當初的動機。當然，這過程中你多多少少有幫助到你的客戶，但最終目的只是為了佣金而已；你未曾想過滿足對方需求可能帶給你的成就感，也從未想過真心解決潛在客戶的問題，讓他們成為你長遠的客戶。

　　前幾年，在我回紐約的飛機上，曾與網路行銷界的傳奇人物麥可・菲爾森（Mike Filsaime）及湯姆・貝爾（Tom Beal）見面，當瞭解到麥可之所以能迅速成為千萬富翁，是因為他將資訊免費提供給需要的人，這一點讓我感到很訝異。

　　原因是，麥可的工作在於教他人如何利用網路行銷，而他的收入取決於公司資訊產品的銷售狀況。照理來說，唯有嚴防資訊外流，授權給有購買該資訊服務的客戶，才是賺大錢之道；但他所做的卻是，藉著分享資訊、相信潛在客戶都會回流購買產品與服務。他的收入因此比之前多出好幾倍，事業也更成功。

付出反而獲得更多

現在你心裡應該有好多問號，並認為怎麼可能？

簡單說來，其實「賠償律」法則一直適用於我們的生活，主要是指：「失」與「得」同時並存，**如果想豐富自己的人生，最好的方法就是無條件、不預期的付出。**

以麥可和我所處的資訊市場來說，每當我們送出一本電子書、一片 CD 或影片時，其實是讓潛在客戶瞭解產品的品質，讓他們從中獲得更多的資訊，進而購買我們的產品。請試想一件事情，即為何顧客看到我們介紹的資訊之後，願意回過頭來找我們，甚至願意拿出一大筆錢購買昂貴的服務和產品，因為他們的想法會是：哇！如果連贈品都做得那麼精緻，那麼，產品品質可想而知，一定更令人激賞。

如果麥可跟我都將資訊和知識據為己有，要說服他人購買我們的產品可沒那麼容易。就資訊產品來說，未曾試用就出手購買，就像沒有試開就決定買車一樣。你會這麼

做嗎？除非產品的聲譽與品質成正比，你才可能在買車前不試開，而這點會在後續章節有詳細的說明。一旦你成為潛在客戶眼中的專業人士，則他們向你購買產品時，也不會要求試用，因為你就像賓士車一樣有品質保證，不需背書、不需試車，因為聲譽說明了一切。

意圖操縱他人並非好事，你只是在利用他人滿足自己的利益，卻罔顧潛在客戶的利益，不為他們著想。千萬別誤會，我絕對是個以利益為導向的人，所以才會長期在銷售界打滾，但我堅決反對浪費他人的金錢，累積自己的財富，唯有產品對消費者有益，這筆錢才算是得之有道。以資訊產品來說，如果沒有試用，買方如何確定該產品對他們有用。反之，說服他人則是以買賣雙方的利益為基礎，以誠信與正直為基石，尋求雙方有利的交易。

展現你的「誠信」和「正直」

你會注意到本書從頭到尾都特別強調兩個概念：**誠信**

與正直。它們是一切的源頭，也是成為頂尖業務員的基石。在這，我不打算用文字闡述這兩個概念的意思，而要用真實的案例，讓各位知道如何在銷售中表現誠信正直的態度。

第一，預估實際情況並提出合理的建議，而非應允無法兌現的承諾。舉例來說，過去，我在銷售企業用的電話系統時，明知客戶提出的要求不可能達成，仍硬著頭皮向客戶保證能在期限內安裝，因為我認為如果不這麼答應客戶，這場交易一定會告吹。對一間還在籌備階段的企業來說，直到最後一刻才申請安裝電話系統是件稀鬆平常的事，因此，他們總是希望安裝程序能夠越快完成越好。當他們問我可否在兩天或他們要求的期限內完成時，我總是回答：「當然沒問題。」為了拿到訂單，我開出很多空頭支票，做出許多根本無法兌現的承諾，相信你也一樣曾經跟我做出相同的事。

第二，誠實面對客戶。在我變得更成功、更有自信，也不再汲汲營營於每一筆生意後，我決定要做個改變：以

誠信對待客戶。很不同的想法！我不再說「當然沒問題」，反而誠實的告知客戶，「很抱歉！我無法如期完成您的要求，但我可以在一星期內完工，但兩天真的不可能。如果您想與其他廠商合作，我能夠理解。」

結果卻出乎我的意料，在誠實的說明狀況後，我反而拿到更多筆訂單。在告知客戶我無法達成他們的要求，也能理解他們想另尋高明的心情後，他們反而決定與我合作。他們決定與我合作的理由，只是因為他們聽過數不清的謊言，因此只要有碰上任何一位願意誠實以對的業務員，就會抓住這個機會與他合作。在與太多不誠實的業務員合作後，潛在客戶非常訝異還能碰到一個誠懇的人，所以他們一定會想要與你合作，而不是其他人。**誠懇，就是說服他人的最好方法。**

誠實帶給我的好處不僅如此，我還學到另一件事，就是：若有壞消息，立刻讓客戶知道。過去的我總是立下無法遵守的承諾，找盡理由向客戶解釋無法如期交貨，造成每次得拿起話筒告知客戶，「不好意思，不過承辦單位說

沒辦法依我所要求的日期完成安裝。」你注意到了嗎？我說的是「承辦單位」，而不是「我」，雖然這個問題是因我的草率承諾而起，但我卻不想為這件事情負責，反而把責任推給管理階層、工會或是隨便誰都好。但客戶一定心知肚明，他們早已跟各式各樣不誠實的業務員打過交道，一聽就知道問題出在業務員身上，與其他人無關。你可以想像得到，沒有一個客戶會介紹其他的潛在客戶給我。

但在我誠實面對客戶，並依實際狀況定出交期後，就不像之前得常常向客戶解釋無法如期完工的原因。而且因為客戶欣賞我的態度，就算我得告知他們關於工程進度的壞消息，他們也比較能夠諒解我，明白事事不可能盡如人意。不過，令我感到開心的是，當我不再試圖掩飾情況、把責任推給他人，而是儘速告知他們真實狀況後，客戶們對我反而更讚賞了。從他們那裡介紹過來的潛在客戶更是出乎我的意料，或者應該是說源源不絕。

要記住，讓客戶感到滿意的業務員，絕非事事順遂從沒遇到問題的人；他們也是人，遇上問題在所難免，只是

他們的做法與一般人不同，他們會儘快將問題告知客戶，爭取改善狀況的最佳時機。我的意思是，遇上任何問題立即告知客戶，其實是給他們一個更欣賞你的機會。

第三，展現你正直誠信的方式。向客戶坦承你提出的解決方案，不一定是最好的解決方案。我記得過去曾服務過的一間公司，他們利用大量的促銷郵件做宣傳，公司的廣告宣傳單上印著：歡迎聯絡我們，我們會安排服務人員與您進行一對一的免費諮詢。這是一個所有人都心知肚明的把戲，所謂的諮詢其實只是變相的要求客戶購買產品。

真正的諮詢人員絕對不會假公濟私，他們會秉持誠實公正的態度，為客戶提出最適合的解決方案。

若一個業務員花費許多精力與客戶討論最佳方案後，最後決定推薦他人的產品給客戶時，客戶會有什麼感覺？基本上，客戶之前絕對沒有遇過這種狀況，之後也不太可能碰到類似的情形，因為大多數的業務員，只以個人利益為考量，寧願介紹客戶不適用的產品，也不願損失可能的成交機會。

　　當你以誠實正直的態度面對客戶，甚至願意推薦競爭者的產品，會帶來兩種效果：其一，潛在客戶對你誠實的態度毫無招架能力，之前從沒有人對他們坦承以對。一般而言，你要成交這筆生意並不困難，因為客戶要的不多，一個願意坦白的業務員讓他們驚豔。

　　其二，他們一定會四處向朋友說明你的優點，你再也不用請客戶介紹潛在客戶給你，因為所有找上門來的人，都是準備好要與你合作的對象。這是個一石二鳥之計，是不是呢？

　　從上述的幾個例子中，可以明白誠信、正直的重要性，現在就讓我們看看這兩種特質與成為具說服力的人之間的關聯性。在說服潛在客戶時，需考量對他們最有利的條件，因此，與他人互動時務求坦誠，你的所作所為才算得上說服，而非操控。就像大衛‧拉卡尼所說的，你心中如何看待這件事情，決定了你是操弄或說服他人。**操控他人者，心中只有自己的利益；說服他人者，則是為了製造雙贏的情況。**

善用口語傳播的力量

當你決定秉持誠信正直的態度，關注潛在客戶的利益時，有趣的事發生了，你會將這些原則內化為個人行為準則，也會在不經意中將你的態度傳達給客戶，這些都不是透過口頭可以表達的。

無意間透露出來的態度，常以非口語的方式呈現。根據一份 1972 年加州大學洛杉磯分校（以下簡稱 UCLA）做的一份研究指出，「人與人之間有 93％的溝通都是透過非口語的方式進行。」也就是說，從我們口中說出來的話，其實只占整個溝通的 7％而已，而其他的 93％則仰賴我們的姿勢、表情、聲調、動作等。這對心理學家及擅長說服的專業人士來說，是很普通的常識。

一個人的肢體語言所傳達出來的想法，與他的心態都有直接關係。如果你是個不誠實，或是只考量自身利益、忽視客戶權益的人，就算假裝自己是個誠實的人，表現也會不太自在。一旦你的非口語表現傳達出這樣的訊息，潛

在客戶自然感受得到，所以他們不相信你，也不想與你合作。他們不明白原因為何，只是打從心底覺得你不實在，不值得信任。

相反的，如果你的態度誠信正直，希望為雙方創造雙贏的局面，你的肢體語言自然會傳達出自信、尊重、有能力，且值得信賴的氣度。你的道德標準越高，要求自己實行這些原則越久，假以時日，你的肢體語言會更強而有力。潛在客戶會願意主動上門找你，與你合作。這與前文所舉的例子一樣，客戶不懂為何他們會想與你合作，他們只會說，「感覺合得來吧！」重要的是，你拿到訂單，未來可以成交更多筆生意，以及擁有更多可能的合作對象。

繼續閱讀本書，你就會知道一個具說服力的人，以及為何有能力令人激發他人的購買欲望。當你誠信正直，以客戶的利益為考量，誰會不想向你買東西呢？不過如果你想做的只是賣東西給客戶，想操控他們，也無怪乎，他們會對你的目的感到厭惡，明白你是在推銷，所以就不會萌發想合作的念頭。

　　具有說服力的人都是頂尖業務員，因為人們會想與他們合作，並認為他們值得信賴。

第 *3* 章
頂尖業務員是不做電話行銷的

電話行銷早已不適用於今日，

只有1%的電話行銷能夠轉換成絕佳的人脈，

把自己的時間花在最沒有投資報酬率的事情上，

絕對會失敗。

Selling
Sucks!

電話行銷只會浪費你的時間、削弱個人的信用，所以千萬別再打電話做行銷了。

沒錯，頂尖業務員是不做電話行銷的！

以往前輩們都會告訴我們，電話行銷是通向成功的最佳方式，不做電話行銷也就無法在業界立足，每日打 50 通電話給潛在客戶，以及隨時保持機動性，才是通向成功的捷徑。

這根本錯的離譜！有兩件事你一定得先瞭解：第一，為何電話行銷不是通向成功的康莊大道；第二，為何所有的頂尖業務員從不打電話行銷。

到底電話行銷出了什麼問題？

第一，電話行銷早已不適用於今日的經濟狀況。雖然透過陌生電話，可能爭取得到與潛在客戶碰面機會，甚至

成交一筆生意，但你曾否想過打電話行銷是件很沒效率的事？一般而言，只有1%的電話行銷能夠轉換成絕佳人脈。重點在於這些機會是否「絕佳」？電話行銷讓你有機會與潛在客戶搭上線，但這些潛在客戶卻不一定值得你花費精神和力氣，他們最常用的招式是：很興奮的告訴你，「這個產品實在太棒了、「我們會建議你購買。」然後，從此不再出現，也不再回你電話。

　　長期將寶貴的時間花在沒有經濟效益的事上，會有什麼結果？答案顯而易見。時間就是金錢，但是時間與金錢的不同之處在於，時間一去不復返，因此，把時間花在最沒有投資報酬率的事情上，絕對會招致失敗。這也是為何頂尖業務員從不打電話行銷的原因。

　　他們之所以能夠出類拔萃，在於善用時間並發揮最大效益。這雖然稱不上時間管理，但將時間花在最具經濟效益的事情上，其實就像聰明的投資人，只投資最具報酬率的產品一樣。每當你決定要做某事時，都是在投資自己的未來。你的時間與未來，遠比投資專家在投資上花的金

錢要珍貴得多。明白這件事後，就該效法投資專家投資時的態度，謹慎的投資自己的時間。若繼續把時間花在低投資報酬率的電話行銷上，成為頂尖業務員的目標將遙遙無期。

我收到許多人的 e-mail，他們告訴我，電話行銷絕對可以帶來銷售業績。我並沒有否認這件事，就像不管是騎腳踏車或開勞斯萊斯，你都可以到達你想要抵達的目的地；雖然同是交通工具，有時人們寧可花上幾百萬買輛勞斯萊斯，而不是在一台幾千塊的腳踏車上。

用另一個方式來解釋電話行銷好了。我是個對車子外型很要求的人，希望車子看起來永遠像打過蠟那麼光亮。要達到這樣的效果，我可以用老方法，花上幾小時洗車、上蠟，讓自己累得像條狗。雖然累，但卻可以達到我要的結果。另一個方法則是改用打蠟機，花的時間比手工打蠟要少四分之三的時間，而且車身看起來更亮，也不用耗費那麼多功夫。

這正是電話行銷與自我行銷的差別。電話行銷的確會

成功，但這麼做就像選擇用手工打蠟一樣，那麼，為何不用更省時、省事的打蠟機呢？

站在顧客立場看事情

第二，業務員為何不打電話行銷的原因在於：若你用潛在客戶的眼光去看事情，懂得客戶的想法，就能讓你迅速瞭解客戶購買的動力為何，也知道該用怎樣的手法，讓客戶心甘情願掏出錢來，購買產品或服務。

前文曾提及，買車前大家都會試車，除非手頭有足夠的錢可以買一台新的法拉利或賓士，你才可能不試車就直接成交。畢竟這些廠牌聲名遠播，出廠的每一款車子都是令人夢寐以求的珍品，你只會慶幸你有錢買下它而已。

如果你目前只買得起二手老福特，而且在做了錯誤的決定後，沒有閒錢修正錯誤。因此，你得在一開始做出最正確的選擇。那麼，你會不會試開那台二手福特車呢？當然會！我相信就算業務員願意給你最低折扣，在沒有試車

前你也不會願意點頭購買。

記住這個例子，想一想兩個截然不同的業務員在客戶心中的形象。第一個業務員頗有聲望，是業界公認的專業人士。第二個業務員既不是專家，也沒有名望，僅透過電話與潛在客戶接觸過。你覺得哪一位業務員會被視為賓士車？哪一位會被視為二手老福特？答案呼之欲出。

所以，客戶會願意與第一位業務員合作，就算事先沒有試用也沒關係，因為和有聲望的對象合作，根本不需要事先試用。不過，任何一個聰明的客戶，在沒有事前探聽或試用前，都不會與像二手老福特的第二種業務員合作。

為何會有這樣的差別？原因很簡單，因為電話行銷傳達出一種破斧沉舟的態度，頂尖業務員當然不會打電話行銷，因為這麼做等於推翻他先前累積的名望與聲譽。本書會陸續告訴你如何讓自己成為業界尊重的專業人士。潛在客戶會費盡心思找上你，熱切的想要向你購買產品或服務，因為他們知道你是個有卓越聲勢的業務員。

再從潛在客戶的眼光來看事情，假設有一個受人尊敬

的律師,剛好跟你住在同一個社區。假設某天早晨,他敲你家的門自我介紹,並告訴你如果有訴訟需求或法律上的問題可以找他,最後還跟你說再找個時間碰面,你對這位律師的觀感會不會大受影響?在他的登門拜訪後,你還會覺得他跟以前一樣值得你尊重嗎?

當然不可能。就算他過去花上 20 年時間建立聲望,當他對你進行陌生拜訪時,一切都付諸流水,因為大家都知道最頂尖業務員不需要上門拉生意,不管是律師或是業務員都適用同一標準。

對等地位是你的籌碼

第三,頂尖業務員不做陌生拜訪或打電話行銷的原因:其實與第二個因素有很大關係。若想要擁有素質良好的潛在客戶,就必須與他們一樣優秀,甚至更出類拔萃。你會希望你的潛在客戶,把你當作一個可以給他們建議的對象。若你能以這樣的姿態與潛在客戶互動,你就對整個

情況擁有主導權，可以將整個過程引導到你想要的結果，也就是，完成交易。

最糟的情況就是：陌生拜訪或電話行銷，使得你無法站在與客戶對等的地位上。與客戶的第一次接洽若是以陌生拜訪開始，你就將自己放在相對弱勢的位置上，被潛在客戶視為懇求者，因此，他們絕不可能將最重要的事託付於你。

頂尖業務專家會用心展示自己的專業度。相信你也看過有人的名片上印著「總裁俱樂部」，或其他頂尖人士才能參與的會員制俱樂部，你覺得他們只是在自吹自擂嗎？

錯！那是因為頂尖業務員會洞悉人心，知道大家都只想跟成功人士合作，代表個人成就可以傳遞出許多正面的意涵。最重要的是，透過這些訊息，客戶知道你是個誠懇正直的人，也知道你對他們的價值為何。你在工作上的成就，正是這些特質的表現，潛在客戶明白這一點，因此，他們喜歡跟成功的業務員合作，而不是與一個靠推銷過活的傢伙。

在做電話行銷時，你覺得自己給人的印象是成功的業務員，還是亟需業績的推銷員？答案應該是後者，你給潛在客戶的印象及對他們的影響遠超過你的想像。就算你透過電話行銷，找到極有可能與你合作的潛在客戶，但若遇上完全不靠電話行銷的頂尖業務員時，你仍舊會輸得一敗塗地。

零乘任何數字都是「零」

第四，成效不彰、太浪費時間。隨機挑選對象、期待他們會需要你的產品或服務，這實在太不切實際，也是尋求客戶的最糟方式，因為你完全不知道對方是否有這樣的意願或需求。

傳統的做法，「多對陌生人主動出擊」只是讓情況更糟而已，因為沒有效的事情，做再多仍舊不會起任何作用。重點不在於多做些什麼，而是要去做些有用的事情！年輕時我就學到一個道理，「零」不管乘以多少都是零。

所以如果某件事毫無功效，這種老掉牙電話行銷做再多可以改變什麼嗎？ 50 乘以零還是零啊！所以我說舊時的訓誡根本不通情理。

如果你想成為一個頂尖業務員，最好別再做電話行銷，最好快點用有智慧的自我行銷手法，來發掘潛在客戶吧！電話行銷只會浪費你的時間、削弱個人的信用，所以千萬別再打電話做行銷了。

第 *4* 章
頂尖業務員永遠處於主導地位

在每一場銷售的互動與協商中，
有所需求的那一方，就沒有主導權；
而能夠滿足需求的那一方，不僅擁有主導權，
更能決定雙方互動的結果。

Selling
Sucks!

一旦失去主導權：不想合作的顧客，會利用
這個機會擺脫你；想合作的客戶，則會要求
幾乎沒什麼利潤的價格。

　　頂尖業務員與一般的業務員最大的差別取決於，他們
在合作關係中的影響力。前者常處於主導地位，而其他業
務員則否。所以本章所要闡述的概念非常重要，可以說是
本書最重要的環節。

　　在成為一個業務員後，我也是從毫無績效的電話行銷
開始，後來才發展出自我行銷的手法，逐漸擁有源源不絕
的客源，也不再需要時刻尋找潛在客戶，不過每當我與客
戶碰面時，我的表現未能讓他們熱切的想與我合作，雖然
我已不再利用電話行銷尋找潛在客戶，但我尚未改變承襲
自前輩們的其他做法。

讓自己握有「發球權」

問題就在於傳統的銷售，總是將業務員的角色設定在挨打的位置，將整個交易的主導權交給客戶，這對業務員來說其實很受挫。但頂尖業務員卻會主導整個情況，從開始到結束，都由他們操控過程與結果。在往下解釋前，我們得瞭解主導權在銷售行為中的重要性。

何謂「主導權」？首先，你得瞭解一件事，每一次與潛在客戶接洽，都是一場角力戰。不管你是面對面、透過電話、電子郵件，或是其他媒介，與客戶首次聯繫、約定碰面時間、碰面過程，或是推廣產品。每一種互動模式都是一場協商，而這些協商過程，其實都只是為了說服潛在客戶，而他們也會以自身的利益做考量與判斷。

簡單來說，**誰在協商過程中擁有影響力，誰就能夠主導協商結果**。

兩方之間的主導權，則與供需有關。在每一場銷售互動與協商中，需求的那一方，就沒有主導權；而能夠滿

足需求的一方，不僅擁有主導權，更能決定雙方互動的結果。舉例來說，你走進銀行準備申請貸款，銀行正是擁有主導權的那一方，因為是由它決定要不要核准你的貸款申請。簡而言之，你有需求——申請貸款——所以銀行擁有核發或拒絕的權利。當你告知對方你有什麼樣的需求時，你同時也將主導權與決定權交給了對方。

該如何將這個概念運用在銷售裡？你只要記住一件事，**有需要的人，就沒有主導權；可以滿足需求的那一方，是擁有主導權的人**。當你用電話行銷與可能是潛在客戶的人們搭上線時，很明顯的，你就是有需求的那一方，因為你需要業績（你認為自己有沒有需求不是重點，重點在於你的潛在客戶認為你是需要他們的）。當傳達你的需求給潛在客戶時，無意間已將主導權交給潛在客戶，由他們決定要通過或否絕你的要求。

成為滿足需求的一方

所以，能否擁有主導權，取決於將自己定位於滿足需求的一方，或是提出需求的另一方？關鍵在於一開始就要確認自己的定位，要將自己當作是滿足需求的一方，而不是需要業績的業務員。因此，要為自己、產品與服務做行銷，就要讓潛在客戶主動打電話給你，而非由你透過打電話行銷尋找潛在客戶。這正是從一開始便拿到主導權的做法。

在取得主導後，你要在銷售過程中維持這樣的姿態，直到成交為止。我曾說過，雖然我知道自我行銷的手法，也有許多的潛在客戶，但我的成交比例卻不高。原因為何？因為我將自己定位成懇求潛在客戶的業務員。跟大多數的業務員一樣，我認為潛在客戶的地位比我重要，所以我就喪失了應有的主導權。即使我一開始可以主導整個情勢，但在喪失主導權後，所有的努力都付諸流水。

記住這一點，每一次的互動，都是為了達成既定目

標：在最佳利益下完成交易。要達到這個目標，你一定得維持自己的主導權。一旦你失去主導權，潛在客戶便會趁機扭轉情勢，將結局導向以下兩種可能：如果他們不想跟你合作，就會利用這個機會擺脫你；如果想與你合作，則會要求你提供更低廉，而且幾乎沒什麼利潤的價格。

所以你該如何維持自己的主導權呢？首先，要記住不要再出現帶有懇求態度的行為舉止，並且要展現如 CEO 或是企業家的氣度。後續的文章會針對這一部分多做說明，但現在讓我們先檢視一下何謂非口語溝通。

第 2 章中曾經解釋過，當我們在反思與他人的溝通過程時，大多會將重心放在外在的溝通方式上——語言。事實上，傳統的銷售訓練書籍只將重點擺在口語的溝通上，但此只占溝通的一小部分而已。我之前曾提過 UCLA 做過的研究，內容指出口語溝通，只占溝通的 7％而已。這 93％的溝通方式，正是我要特別強調的非口語溝通，將這點謹記在心後，我要告訴你如何透過口語及非口語的表達方式，維持你在買賣關係的主導權。

別刻意尋找與客戶的共通點

前輩們常告訴我們要找到與潛在客戶的共通之處，話題可以從潛在客戶辦公室內的獎盃或照片開始。其實，當你這麼做時，潛在客戶一眼就看出你的用意為何。

面對潛在客戶時，態度應誠懇友善，但最好直接切入你來訪的理由，千萬不要意圖尋找雙方的共通之處，而浪費了潛在客戶的時間。簡潔有力的切入重點，才能展現出你的專業和自信。

避免使用過於刻板的談話方式

在談話過程中或談話結束時，使用下列這種刻板句子，像是：「您也希望從這次的交易中獲得更多利益，是不是呢？」這樣說只會讓人覺得你膽小怕事，不敢用自己真實的面貌與對方對話。

我在演講時，通常會要求某一位與會人士起身靠近講

台，接著告訴聽眾我這麼做的原因。因為，當你近距離觀察某人時，對方才會相信你與他一樣有血有肉，不是個遙不可及的人物。坐在台下的人，常會覺得站在台上的人與自己毫無關係，就像在看電視一樣。然而，要求他們起身近距離觀察，他們就會覺得與講者有了關聯，這樣的情緒會持續好一陣子，直到演講結束為止。所以我在演講一開始就會這麼做。

以你的情況來說，也可以適用同一個做法。讓潛在客戶知道你是個活生生的人，而不是只會照本宣科、不懂與他人互動的機器人。當你說「您同意嗎？」或是「這聽起來不錯吧？」只會讓人覺得你一點也不誠懇。

另一個避免這種談話方式的原因在於，大多數的企業家或執行長，過去也都曾是業務員，而上面提過的那些問候語，大多出自比較早期的銷售訓練書籍，意思是，你的潛在客戶大多讀過相關書籍，也用過相同的問候語。舊時的銷售手法不再有用的原因之一，就是因為大家早就熟悉這些技巧。潛在客戶透過你的言行，就知道你的意圖，如

果讓他們發現你對的問候只是虛情假意，反而會招致反效果，所以別再自掘墳墓了。

別急！慢慢來

　　一個心情緊張又沒有主導權的人，說話時有個特徵，就是速度很快。而此給人的印象是，你很擔心在話沒說完之前，潛在客戶就已經對你沒有興趣了。換句話說，能力不足的業務員，常擔心潛在客戶會打斷他們的談話，結束雙方間的對談，所以他們急著在發生這種情況前，儘快把要說的話說完。

　　多觀察自信且具影響力的人，他們說話速度絕對不會快，而且多半侃侃而談，在談話中傳遞出自信及誠懇的人格特質，他們的行為舉止也是如此。與較沒有自信的人相比，有自信的人做事總是慢條斯理，從容不迫。所以，行為舉止與說話都要不急不徐，並藉著放慢動作與說話速度，你才能透過非口語的溝通，展現你的自信與影響力，

潛在客戶才會視你為一個可以信任的對象。

別說「對吧？」或是「你懂我意思嗎？」

有影響力的人還有一個特色，就是他們不需要別人的認可。他們有自信、有影響力，所以並不需要他人的確認。

當你說完話後接上「對吧？」或是「你懂我意思嗎？」看在潛在客戶的眼裡，他們會覺得你在尋求他們的認可；要他們認同你剛說過的話，好像在問潛在客戶，「我說的你可以接受嗎？」、「請表示你的贊同吧！」你覺得這是有影響力的人會做的事嗎？答案當然不是。

當你說完話後，你要自信的結束雙方的對談，相信自己剛說的話正是潛在客戶想要知道的事情。

不要害怕伸展肢體

有影響力的人不會畏懼伸展他們的肢體，擁有個人空間。可以伸展雙臂，不管站著或坐著，他都用肢體動作宣告屬於他的空間，而有需求且態勢較弱的人反而不敢要求屬於自己的空間。他們坐時雙腿併攏，兩隻手臂緊貼身體，不敢稍作放鬆也不敢伸展自己。

當你只敢占據極少的空間時，肢體就等於告訴客戶，你害怕侵犯他人的空間，潛在客戶會將這樣的行為解讀為你不夠有勇氣，也就束手無策的把主導權交給了對方。放鬆、伸展自己、展現自己的主導權！

說話時，雙手的動作不要太大

這對業務員而言是個很難解釋的概念。以肢體語言來說，說話時雙手忍不住一直動來動去，其實代表說話者正透過這樣的動作，來宣洩緊張的情緒。

　　有影響力、有自信的人總是非常從容，也沒有緊張的情緒需要宣洩。想想電影或小說中的英雄人物，他們出現時雙臂總是自然的放在身旁。你可以想像一個英雄人物說話時同時揮動雙手嗎？

　　千萬別相信，一邊說話，一邊揮動雙手是一種表達方式，那只是在告訴他人，你很緊張、很軟弱，對你的業績毫無幫助。

身體往前傾是軟弱的象徵

　　試著觀察有影響力的人，你會發現他們在演說時，多半會將身體往後仰；反之，對別人有需求的人，卻是會習慣往前傾。

　　每當我在演講中提出這一點時，一定會有人問說，「我們不是應該要像鏡子一樣，反應潛在客戶的行為動作，在他們稍稍後仰時，我們得前傾。」不！反應對方是另一件事，我並不贊成這麼做，但在這裡先不討論為什

麼。每當你因反應對方的情境下而向前傾，這可能意味著你在懇求對方。有影響力的人不會跟著顧客的腳步，他們會引領所有人的方向。

稍往後仰是表示你有主導權的最基本肢體語言，所以現在就開始學著這麼做。如果你前傾的原因是因為別人聽不清楚，那就試著把話說大聲點，而這也與我要提的下一點有關。

充滿力道且有氣魄的聲音

說話的語氣占非口語溝通將近一半的影響要素。你的講話方式很重要，其中包括你的音量（發聲）、口氣，與音調變化。軟弱的人說話都非常溫和，所以他們也不習慣占據太多空間，因為害怕侵犯他人。有影響力的人說話時充滿自信，口齒清晰伶俐。

不過有時你要小心別大聲過頭，因為會給人一種要求「注意看我」的印象，這跟講話太輕柔沒有力量一樣糟。

不過，練習用清晰有力的方式說話，會讓大家願意認真傾聽你的意見，因為別人聽不清楚而需要重複剛才說過的話，只會中斷原本預設的情境流程。

要培養有氣魄的說話口吻，最好是透過演講來練習。如果你尚未擁有這個所有頂尖業務員都有的能力，快去參加演講課程或演講協會（Toastmaster）吧！

你不只能改善說話口吻，更能增加自信，這對你的工作，還有人生都有極大的幫助。

學習從不友善的態度中抽離

在這世界上，總有一些自以為是的潛在客戶，與業務員碰面似乎能稍稍滿足他們想受到重視的心理。我在業界觀察到，遇過很多老想仗勢欺人的客人，直到現在，我還是會碰上許多心理不平衡的傢伙，得靠著欺壓別人才覺得自己很重要。

而許多潛在客戶會繼續對人無理的原因，乃是因為有

九成九的業務員都會任由他們予取予求。因為這些業務員都亟需業績，所以只要有機會成交，他們願意忍受一切不合理的對待或辱罵。在這裡我要告訴你，**頂尖業務員從不接受客戶的不合理對待**。

但當我對潛在客戶表現出強悍不可侵犯的態度時，會出現兩種情況。第一，我變得有自信，敢反駁那些行為舉止無禮的潛在客戶，將這樣的行為內化後，成了我人格的一部分。第二，我的成交量有增無減！其實那些自以為是的人，內心是非常脆弱的，外在的表現只是一種偽裝，企圖讓你看不清他們脆弱的想法，誤以為他們非常堅強。只要引導他們展現最深沉的自我，就會重新回到脆弱的那一面，並臣服於你。

好幾次我說明到一半，潛在客戶就自顧自地接電話、打電話，或是做些會打斷我的事情。但在我闔起講義、起身告訴他們，「我想等您可以專心時，再另外找時間碰面吧！」此時，他們反而會說，「不用了！現在就可以，我從現在開始會專心。」他們的確變得專心了，最後，我不

僅拿到訂單，還贏得了尊重。千萬不要因為對方是潛在客戶，就接受他們過分的無禮行為。

依照預定的流程回答問題

當你講到一半被潛在客戶所問的問題打斷，而你也立即回答時，就等於說出你渴望這筆生意，這時發球權就會易主，你變成有需求的那一方。

為了要彰顯你的主導權，你該說，「謝謝您的提問。我想等報告結束後，再針對您的問題回答。如果過程中還有其他的疑問，稍後也可以一併回覆。」

跳過被打斷的議題，直接進入下一部分

這與前一點互相呼應。如果報告到一半時，潛在客戶因為要接一通重要電話，不得不打斷你的談話，此時，若你選擇等待對方聽完電話後，才開始接續剛剛還沒講完的

部分，也會讓客戶感到你渴望這筆生意。

在你被打斷後，應將話題導入你要陳述的下一個論點，而非談到一半的議題，等到下一部分結束後，再重新講述你之前在闡述的部分或是正要提出的問題。

表達時，應簡潔有力

能夠用幾句話解釋得清楚的事情，就別長篇大論。假設某個潛在客戶問我，「法蘭克，你的產品是否真能達到剛剛說的那些效果嗎？」我可以回答他，「是的，我們的產品可以處理第一點、第二點、第三點、第四點，是業界裡成效最好的產品，其他公司也曾購買本產品，結果非常令人滿意。」或者也可以說，「是的，我們的產品絕不令您失望。」哪一個答案讓人覺得你信心滿滿？哪一個讓人覺得值得一試？相信答案是後者。

原因在於，當你硬是要用一長串的句子，來取代可用短短幾個字解決的答案，你似乎在盡你所能的討好潛在客

戶，這樣看起來實在太軟弱了。**你的回答越簡潔有力，傳達的訊息就越有顯著效果。**

有自信，而非有膽量

拿高空彈跳來說好了。第一個要跳的人在準備跳下去前大喊，「哇哇！耶耶耶！這一定會很棒，跳吧！」這叫做有「膽量」。

第二個要跳的人說，「我準備要跳了，等會兒見囉。」這叫做有「自信」。

你要表現得有自信，而非有膽量。因為，膽量是為了掩蓋內心的不安，但自信就是自信，簡單明瞭沒什麼其他意思。

千萬別試著掩飾內心的不安

舉個例子你就知道過去我怎麼掩蓋內心的不安。以

往，如果我不想穿得太正式，只想穿休閒一點的衣服。又剛好那天要跟客戶見面，我都會向他們解釋，「不好意思我今天穿得比較隨便，因為今天得去工地堪察，不想把西裝弄髒。」

這是怯懦的表現。若想展現你毫不膽怯，最好的做法是隻字不提。當你特別提起某項缺失，並試圖解釋時，只會讓人覺得你不夠有自信，所以就別說了吧。不管你是穿休閒服裝、車子上滿是塵埃或是沒有刮鬍子，不提別人就不會特別注意，只要你表現如常，一切看起來其實就跟平常一樣。

別犯下過度矯正的錯誤

這也是我過去曾犯下的大錯之一。當我簡報做得不成功時，我常會說，「嗯，我今天有點太累了。」這麼說，只是讓人知道你怕被批評。

千萬別為自己的缺失或錯誤道歉，就像從前一樣，你

連提都別提到。就算你真的很累，也別說出口。

繼續你的報告

千萬不要因為潛在客戶要求，就立刻重新說一次他們不懂的部分，尤其是當你正進行簡報的某一部分時被打斷。這時，你該溫和地拒絕他們，「講完這一部分後，再回去跟您解釋有疑慮的部分。」任由潛在客戶掌控你的報告進度，或是隨他們的要求起舞，不但是將主導權移轉，更讓人知道你對訂單的渴望，像在告訴對方，「我真的很需要這筆生意！」堅持你的遊戲規則，等到告一段落後，再回去前面的問題。

引導客戶做出回應

你一定不希望在對談中落入無人回應的惡性循環裡，我們都痛恨與他人對話時，出現冗長不知所措的停頓，這

種情況在進行銷售時尤其難堪。遇到這種情況時，人難免會緊張，開始害怕潛在客戶可能不再有興趣。

但是，試圖用喋喋不休來填滿無言的時刻，是最糟的做法；當你這麼做時，只是讓他人知道你內心的恐懼與擔憂。此時，你應該引導潛在客戶先開口，讓他們回應你。

說話時要抑揚頓挫

講話要充滿活力！我曾說過，強而有力的聲音與讓人聽得清楚的聲音非常重要，但也不要忽略在談話中加入抑揚頓挫與音調起伏。你絕對不想讓潛在客戶因為你單調無趣的陳述，而感到昏昏欲睡。所以，為了避免講話像機器人一樣平淡沒有感情，最好要有高低起伏，才會讓人覺得聽你說話是一種享受。

上述這些要點，可以讓你隨時的掌握與潛在客戶面談時的主導權，千萬別讓潛在客戶看到你內心的不安和怯懦，更別因為他們奪走主導權而無能為力。

Selling
Sucks!

第 5 章
頂尖業務員從不參加同業俱樂部

當你成為演講者時，有趣的事情也會發生，

那些在場的潛在客戶全部都會主動與你交談，

企業領導人也會想認識你。

Selling

Sucks!

不管是在哪個聚會場所，只要有講師與聽眾，前者的地位自然高過其他人，而且會被視為專業人士。

你會不會去與業務相關的俱樂部或互聯網？如果「會」的話，為什麼？為什麼你要去參加一個需要付費的活動？擠在一個全都是競爭者或其他業務代表的地方，而不是有許多潛在客戶的地方？這麼做有什麼好處？

怎麼都是一些「熟面孔」

這就是我們應該好好想一想的問題。當我還是菜鳥時，也曾經參加過類似的同業聚會，之所以參加那樣的活動多半只是因為想找樂子，或是與同業寒暄一番。但在我瞭解參與這類活動的本質後，我就知道在那種場合不可能成交生意。不過我卻注意到一個極為奧妙的現象，現在每當我偶然重回那些場合探望老友，就會發現情況仍舊不

變。過去流連於那些場所的人,現在仍在其中,事情根本一點變化也沒有。

我有個朋友在網路行銷業界非常有名,他最近發表了一篇報導,直指網路行銷社群面臨的一個重大問題:網路行銷這個圈子其實非常狹隘,大家賺的錢越來越少,因為每個人都試圖將自己的產品,賣給另一個同在這個圈子的人。這個圈子的每一個人都用同樣的行銷策略、銷售手法,大家互相模仿,彼此削價競爭。

人際關係的網絡活動也是同樣的道理。參加過如是的活動後,你會發現去參加的都是同一批人。以前我還在這圈子時會這麼做,我曾共事過的業務員也幾乎都會去參加類似的活動。本週參加 ABC 活動,跟大夥聊天寒暄後;隔週,參加 XYZ 活動,上週打過照面的那些人也同樣參加了這個活動;再隔週,又參加另一個類似的活動,你會發現遇見的還是這些熟面孔。

難道沒有人想過,參加這類活動並不會帶來任何成交的機會嗎?說實在的,過去我曾無所不用其極,只為了

進入某個超級人際網路會員俱樂部，但進入該俱樂部後，我立刻發現參加的人，幾乎都是會在早餐時參加人際互聯網，晚餐時進公關俱樂部浪費時間的同一批人。當時，我氣憤不已，覺得自己受騙上當，活像被仙人跳一樣。

其實人際互聯網這種活動，最大的問題在於你碰到的人，絕不是有可能向你購物的潛在客戶。而客戶不去那種場合的原因很簡單，因為購物是件再簡單不過的事了。如果人們想要買東西，他們用不著去這種業務員的俱樂部面對想賣東西給他們的人；換言之，潛在客戶根本不可能參加這類的活動，因為消費購物對每個人來說都是輕而易舉的。然而，銷售卻一點也不簡單，這正是為何業務員總是不斷在尋找潛在客戶，馬不停蹄地開拓人脈，希望訂單能夠源源不絕的原因。

想辦法躍上舞台

如果想從互聯網獲益，你得提升自己參與的等級才

行。參加一個大家都在找潛在客戶的聚會,其實對你一點實質幫助也沒有,而且與會的人幫不了你。你必須提升自己,這樣潛在客戶才有可能上門向你購物。

要達成這個目標,你應該自願當這些同業活動的演講者。不管在什麼地方,每個月至少有十幾場,或更多由各個商會、商業社群或其他機構舉辦的互聯網活動,每個活動都需要演講者。說真的,要找到演講人並不像你所想的那麼簡單,因為這些機構或社群並沒有編列給講者的預算,所以非常缺乏願意免費演講的人。

還記得何謂「說服」的定義吧!這不就是個創造雙贏的機會嗎?而且這贏面可大了。他們需要演講者,你需要提升自己的交際手腕,彼此各取所需!

當你成為某活動的講師,而不只是台下的聽眾時,你與整個社群的關係自然有所不同。我指的不是財務狀況或自以為清高的差異,而是你自然而然會成為引領該團體的領導人物。**不管是在哪個聚會場所,只要有講師與聽眾,前者的地位自然高過其他人,而且會被視為專業人士。**就

像上課時，老師的地位絕對比學生高，而且會被視為班上的領導人物。

在成為演講者後，你就不再只是聽眾，而且有趣的事情也會開始發生。那些在場的潛在客戶會主動與你攀談，企業的領導階層人員也會想要認識你。此刻，你的人際關係才是真正的往前跨了一大步，也才可以輕鬆地和有意願消費的潛在客戶搭上線。

以熟悉的題材為本

那麼，身為一個演講者，你該談些什麼呢？當然以你服務的業界為題，以你熟悉的題材為本，提供對與會的潛在客戶有幫助的資訊。如此一來，你才能為自己塑造出一個對相關產品熟悉的專業形象，也不用再四處招攬生意。這時，你一定會希望自己手邊有印上完整聯絡資訊及網站訊息的名片，讓所有人知道你這個人，必要的話，別忘了發送免費的電子報，相信還會再有一波意想不到的驚喜。

第 6 章
頂尖業務員的客源總是不絕

當我們給予網路顧客佣金時，

雖然相對的利潤減少，

但總比這個人從不知道我的網站、

也沒登入過、更沒成功推薦任何一個人還要好，

因為那時，我拿到的是零。

Selling
Sucks!

佣金制的推薦制度，正是讓周邊他人願意引
薦潛在客戶的最佳，也最快速方法。

不管是誰，只要曾當過業務，前輩都會叫他們做三件事：做好自己的工作、成交訂單、拿到三個推薦名單。任何一個曾當過業務的人，也一定都曾打過電話行銷。事實上，「做好自己的工作，拿到三個推薦名單」的成效，與電話行銷不相上下，都只是聊勝於無的自我安慰而已。

我有好長一段時間都遵照前輩的指示，要「做好自己的工作，並從顧客身上拿到三個潛在客戶的推薦名單。」不過這麼做其實沒什麼效果，我的確從客戶那裡拿到一大堆名字，不過這些人最後都沒有變成我的客戶名單。我告訴自己，得做些改變才行。

有報酬才有動力

要拿到推薦名單，自然有好幾種不同的藝術與技巧。首先，我會告訴你過去成功的方法，然後，再跟你說一套我最近發現的妙招。

在當業務員好幾年後，我赫然發現服務的那間公司有一套推薦名單獎勵制度。辦法很簡單，若客戶推薦的聯絡人有向我們購買任何東西，很快就會透過郵件寄給推薦人一張代表報酬的支票。後來，我在一群不太有合作意願的各種業務員身上，試試這個推薦名單獎勵制度。

有趣的事發生了。那些老是參加早餐人際互聯網，或是無精打采的參加公關俱樂部的業務員，本來還昏昏欲睡，突然之間卻變得熱絡起來，很積極的介紹我一個又一個潛在客戶，而且許多他們介紹的潛在客戶，的確與我談成不少交易。

我從拿破崙·希爾（Napoleon Hill）出版的《思考致富聖經》一書中，學到這樣的教訓，就是你不該預期他人

會在沒有報酬的情況下，為你做任何事情；因此，佣金制的推薦方式，正是讓周邊的人願意引薦潛在客戶的最佳、也最快速方法。若你剛成交一筆生意，這時應該打鐵趁熱，因為新客戶會對你的產品與服務愛不釋手，再加上有額外的小費可拿，要他們推薦潛在客戶給你，可說是最佳的時機。

在網路行銷中，推薦佣金制是很基本的條件。事實上，亞馬遜網路書店有四成的書籍銷售，都是靠著讀者口耳相傳、互相推薦而成的。當然，只要推薦購買成功，推薦人也會獲得一筆佣金，而這個方式在網路行銷界早已行之有年，但在業務界卻沒有人知道。

佣金制度的三選擇

要啟用這套佣金推薦制度，你有三個選擇：

1. 利用公司現有的推薦制度：這是最好的辦法，因為這些制度早已存在，你既不用出錢，又可以收到立即的成效。

2.**建議公司採用推薦制度**：就我的個人經驗來說，已有許多客戶跟進，而且只要能詳細解釋如何利用佣金推薦制度，吸引更多客戶上門，企業基本上都會採納這個制度。

3.**從自己的佣金裡撥出一些給推薦人**：這個方法沒那麼好，因為你得自己出錢，不過總比完全不給要好。

　　以我自己的網站 NeverColdCall.com 為例，我採用的是夥伴計畫。登入網站的會員，只要成功推薦另一個夥伴登入，並購買我的產品，該會員就能拿到該筆交易 50％的佣金。請各位想像一下，如果我有個佣金 97 美元的產品，某個會員登入後推薦成功，我給他一半的佣金，那麼我自己拿到的是 48.5 美元；但如果這個人從不知道我的網站、沒登入過、也沒成功推薦任何一人，我拿到的是零。

　　毫無疑問的，我當然希望 97 美元全部進到我的口袋，但最後只拿到一半，但這總比一分錢也沒賺到要好。同理適用於你的佣金制度中，如果你認為拿到優質的推薦名單是成功的一半，那麼就該這麼做，因為你不用再從頭開始尋找潛在客戶。

不過，佣金推薦制度也不一定適用每一個人。以美國而言，保險業務經紀人若支付佣金給沒有考過保險證照的人士，就算犯法。這正是為何我要推薦其他拿到推薦名單的做法，這樣一來，你就不用再「做好自己的工作，拿到三個推薦名單」。

為自己做些不一樣的加值

我個人認為，保羅・麥考德（Paul McCord）撰寫《Million-Dollar-a-Year Sales Income》的這本書，他把如何獲得推薦名單的說得維妙維肖，做法非常具有突破性，令人五體投地。保羅的做法是要求你從頭開始打基礎，打從印製名片到行銷產品，你都透過推薦制度完成。當我在讀麥考德的書時，我才領略到他的做法，是讓潛在客戶與現有客戶從一開始就明白他們的角色，更令人佩服的是，他為業務員塑造了一個極為成功的形象。

頂尖業務員在他人心中，永遠是極有成就的姿態，而

他們有一套展示成功的做法,就像你看到名片上以燙金印著「總裁俱樂部」時,心裡總會有著一股欽佩之意。這麼做絕不是因為傲慢自大想炫耀,而是因為任何一個潛在客戶看到這個頭銜,都會願意主動與對方合作。一個成功人士給人的印象是誠懇正直,並為客戶提供最佳服務,所以人們自然會認為你的服務周到,否則怎麼可能達成令人刮目相看的業績。潛在客戶的想法是,不誠實、不努力為客戶服務的人,因為給人的觀感太差,所以開拓不了新的業務。因此,擁有成功的形象是很重要的,這也是為何頂尖業務員的穿著從頭到腳,從名片到肢體動作及說話腔調口吻,都要維持既定形象的原因。

當潛在客戶在你的名片上讀到「僅接受推薦邀約」,一定會認為你是個成功人士,所以才要限定對象。否則你何必在名片上這麼寫呢?潛在客戶立即認定你是個值得信任的合作對象。這時,人類心中某種不為人知的細微思緒開始運作──越是得不到,就越想要;越容易到手,就想亂丟。

　　想想一般的業務員是多麼普遍，他們總是放下手邊的事物趕去與潛在客戶碰面，這形象與名片上印著「僅接受推薦邀約」的業務員，不正好是兩極化的表現？想當然爾，後者的形象有力得多了。

　　潛在客戶若有機會與這樣的你合作，一定會興起一種被眷顧的感覺，更會因為能與某個領域的頂尖人物合作而雀躍不已，所以會信任你處理他們的生意，甚至是金錢。若是從這個角度來看，從他們那裡拿到推薦名單，其實是銷售過程中再稀鬆平常不過的事了，因為客戶知道他們有任務在身，而你也的確值得他們推薦給其他的朋友。

第 7 章
頂尖業務員都是超級講師

肢體語言很容易糾正，但聲音表現與口吻，
得靠多多練習才會有成效。
而最好的訓練方式是：上台演講。

Selling
Sucks!

擁有出色的演說能力，能提升自己在潛在客
戶及客戶眼中的形象，也會吸引有購買能力
的潛在客戶，自動跟你打交道。

　　如果你問我，在成為頂尖業務員的職業生涯中，哪一
種能力對我最有幫助，我會說：演說能力。

　　1999 年時，我服務的企業要求公司全體人員，參加為
期一週的演講課程，但是我一點動力也沒有。讓我不想參
加的原因有兩個：第一，這個課程意味著我得遠離職場一
週，雖然該月的業績要求也少了四分之一。不過，即使業
績目標少了四分之一，也無法彌補我少掉的四分之一的佣
金。第二，我最不想做的事情就是上台演講，尤其在第一
堂課結束，每個人都得上台報告後，會讓我想「落跑」的
情緒更強烈。

　　不過到最後，這門課卻成為我人生中最有趣的經驗之
一，也是現在最有用的技能。

　　公司派員工參加課程的原因，乃是瞭解到好的演說能

力，自然會轉變成有用的銷售技巧，而這理論很快就得到驗證。還記得我提過的 UCLA 研究報告嗎？它指出有 93％的溝通，其實是仰賴我們的肢體語言、說話口吻，以及聲音的表現。肢體語言很容易被糾正，但聲音表現與口吻，得靠多多練習才會有成效。你覺得什麼是訓練口語能力最好的方法呢？沒錯！就是上台演講。

透過演講為銷售加分

當你開始學習演講技巧後，你自然就會改進自己的說話聲音，像是講得更清楚、更大聲、更帶權威、更有自信。你也學到如何讓說話口吻聽起來有趣，而不勉強、做作。你的聲音可以傳達出更多你想表達的意義，同時，你的動作姿態還有表情也會不同以往，因為你的整體表現搭配得恰如其分，你的自信與表現也會相輔相成。

學會演說技巧還有其他好處，而這些好處對你的銷售只有加分作用：

1. 潛在客戶將會很清楚地瞭解你想表達什麼，所以絕不會請你重複一遍。

2. 音量放大有助於你表現肢體動作，像是與潛在客戶談話時，自然可以放鬆稍微後躺。

3. 表達內容更簡潔，給人感覺更深刻。

4. 當說話速度放慢到某種程度，給人的印象是很有自信的。

5. 說話時自然而然會稍作停頓，讓人覺得你充滿自信，因為你不害怕聽眾會因此失去興趣。

6. 與潛在客戶間擁有更多更正面的眼神接觸。

7. 若有機會上台報告，知道如何讓呈現自己最好的一面，讓潛在客戶有好的印象。

8. 在對不同對象演說時，知道該如何有效地穿梭走動。

9. 在對不同對象演說時，知道如何給予每位聽眾不多不少剛剛好的眼神接觸。

其實懂得公眾演說的好處不只這些，就像我幾年前上過的那些課程，如今成了最值得的投資之一。

　　若想學習這些有用的演說技巧，社區大學或是商業訓練中心都有類似的課程，或者你也可以參加全球知名的國際演講協會（Toastmasters）。在這些訓練課程或講座中，你得上台面對不同的人，每次結束後大家也會給你具有建設性的意見，改進你的演說技巧，直到成為一位很高明的講者。

　　擁有出色的演說能力還有另一個好處，就是提升自己在潛在客戶及客戶眼中的形象。只要你是某個活動的講者，不管活動是大是小，自然會成為該場合的領導人物，而有購買能力的潛在客戶會自動向前跟你打交道。與其他業務員給的意見相比，他們對於你說的話，絕不會等同視之，因為其他人並未上台演講，也不是整場活動的靈魂人物。

8 訣竅讓演講場場爆滿

　　為了讓你更容易上軌道，下面我列出了一些訣竅，可

以助你成為更生動的講者。

1. **肢體語言**：是公眾演說裡很重要的一個特質表現。你得儀態端正且從容自在，否則會給人緊張懼怕的印象。當我放鬆稍微後躺時，我仍會將背部打得筆直。另外，當我搭配手勢說話時，一隻手一定會放在口袋附近，這給聽眾一個「從容不迫」的好印象。

2. **行為動作**：講演時，最好不要原地不動，除非麥克風線過短，讓你要走也走不了，否則都應該在四周走動。若你仔細觀察過功力十足的演講者，會發現他們大多會在講台上走動，而不會只站在一個定點，因為站著不動會麻痺觀眾的視覺。我覺得在台上走動的路線，最好是以W字形的路線移動。想像一下你在台上延著W的路線走動，從一個點走到另一個點上。以個人的經驗來說，我覺得這是個很好的動線，因為有條理的走動，不僅傳達出你的自信，也有助於維持觀眾的興致。

3. **聲音**：說話要大聲且清楚。有力的演說多以丹田發聲，而非喉嚨，這也是為何軍中的教育班長可以連續大吼大

叫一整天，聲音也不沙啞的原因。從丹田發聲對喉嚨不
會造成傷害，像我在演說時的音量，就比平常講話要大
聲好幾倍。不過這些都得經過訓練，才知道如何利用丹
田發聲。

4. **眼神交會**：在演講時與觀眾保持眼神接觸，是非常重要
   的。如果你只是以眼神掃過觀眾，卻沒有與任何一個人
   有交會，那則表示，雙方都沒有真正投入這場講座。黃
   金原則是，與每一個觀眾眼神交會三秒後再移開，停頓
   一會兒後與另一個觀眾眼神交會，以此為循環。你會發
   現被你注視過的觀眾會立刻坐直身體並專心聽講，因為
   這與他們之前聽過的演講經驗不太一樣，不夠有自信的
   演講者基本上是不會這麼做的。

5. **幽默感**：以幽默感貫穿整場演講，拉近與觀眾的距離並
   維持他們參與的興趣。因為笑聲可以提高觀眾的參與
   度，也有助於他們在演講中維持清醒。我所說的幽默
   感，並不單純指說笑話的功力，事實上，在許多場合中
   根本不該說笑話。我指的幽默感，是以令人會心一笑的

方式闡述道理。舉例來說，我在某場演講中，為了將話題導入業務員控制流程的重要性，要求所有在座人員站起身來，往左看、往右看後再坐下，接著我才說，「剛剛那麼做其實沒什麼意義，只是用來介紹下一個議題：頂尖業務員應具有掌控能力。」每當我用這個方式做暖場，總能引起在場人士的會心一笑，性質也很適合我的研討會。

6. **備忘筆記：**你一定要準備筆記，才不會在演講時漏講任何一段，不過千萬別照著筆記上的東西唸。我曾見過講者用 PowerPoint 做簡報，卻只是照著上頭的內容唸給台下的觀眾聽。若要用這種方式演講，那講者不如把簡報內容直接發給觀眾還比較乾脆。我也常用 PowerPoint 做簡報，卻從不照著上面的內容去唸，因為簡報的功能等同於備忘筆記，所以我從不會因為簡報寫什麼就念什麼。你要記得，備忘筆記只是列出綱要，讓你不會脫稿演出或漏講內容。

7. **停頓：**與潛在客戶談話時中間可稍作停頓，同理適用於

演講的時候。在演講時稍作停頓，有助於你闡述意見、促使對方思考，並讓自己看來更有自信。所以要善用停頓的奧妙。

8.**講義：**我不喜歡在演講前或演講的過程中發講義，因為人們拿到講義後，總會拿起來研讀一番，反而不會將注意力放在我身上。所以應該是，在演講後再將印有簡報內容或大綱的資料發給與會者，這才是上策。

　　這些都是基本訣竅。不過，紙上談兵還是不如實際演練，因此參與演講協會或爭取公眾演說的機會，定期上台練口才練膽量，才是訓練自己最好的方法。有能力在大眾面前進行一場好的演說，是每一位頂尖業務員都需具備的技能，而這也是我為何能迅速成為頂尖業務員的原因，我相信這個法則對你也適用。

Selling
Sucks!

第 *8* 章
頂尖業務員的思維
與企業經營者一致

企業經營者最愛聽的內容是確切的數字，

還有實際進帳的金額。

事前先充分調查瞭解該企業，

與企業經營者洽談時才能有所發揮，

讓對方產生向你購買的欲望。

Selling
Sucks!

利益抗辯，是業務員與企業經營者溝通合作時最重要的利器。

　　以企業經營者的身分來說，最令人受不了的事之一，便是有數不清的業務員上門告訴我，他們能夠「幫助」我的企業，但實際上卻對自己在說什麼？該怎麼做？毫無概念。看過我舉的例子後，你就明白我的意思。數不清有多少次業務員在做完簡報、報完價格後，在協調價格時他們告訴我說，「您購買這個產品可以抵稅，若從這個角度來看，我們提供的價格其實很合理。」每次聽到這些話，都會讓我血壓升高。

　　我之所以生氣，是因為每一筆企業開銷都能扣除稅額。所以每當聽到他們說可以「抵稅」時，總令我火冒三丈，因為他們的觀念根本一點也不正確。

　　業務員總會走進企業，告訴企業經營者他們可以幫助企業發展，但是當他們開口說出「這可以抵稅」的蠢話

時，我敢說沒有任何一個企業經營者會信服。這令我瞭解
到，要成為一個頂尖業務員，必須懂得企業運作的細節，
以及瞭解企業經營者的想法，這是非常關鍵的因素。

在銷售中，前輩總是這樣傳授，我們就是自己的老
闆。因為業務員是個自由度很高的工作，除了能夠安排自
己的時間，工作表現也直接反應在收入上。只要我們有產
出，就有收入，反之亦然，這是再簡單不過的道理。在考
量過各種因素後，你的確可以說，在某種層面上，一個業
務員就像自營事業的老闆。

不過，若業務員真的以為自己是個老闆，那他們就太
天真了，這是為自己的前途負責，跟經營企業還是有實質
上的差別。企業運作的條件極為複雜，卻僅有極少數的業
務員真正瞭解這一點。

業務員，別再說傻話了！

抵稅就是一個很好的例子，不僅是因為我常聽到大家

誤用，曾與我共事過的業務員也犯過相同錯誤。此外，也順便提一下，業務員可能說的傻話包括：

1. 我們能幫助貴公司。

2. 我們的產品絕對能令您的生活更輕鬆、容易。

3. 我們有能力改善您的生產力。

4. 我們能為貴公司省錢。

5. 當您安裝本產品後，工作效能一定提高。

　　只要企業經營者或高階主管聽到這樣的話，第一個浮現他們心頭的問題，一定是「你怎麼幫我？」有時，甚至會想「你以為我在意這個問題嗎？」

　　當你未曾經營過任何一家事業，卻想要表現得像個企業經營者，或說話像個老闆時，就會產生落差。因為你說的話只是建構在「應該是這樣」的事情上，而非真實的層面，所以與企業經營者溝通時，就無法真正切入他們所關心的議題。

　　事實上，任何一個企業經營者最關心的議題，也不過

就那麼幾個，這些議題與銷售有密切關係，問題只在於如何安置處理這些議題。而企業經營的三大目標為：1.增加收入；2.減少開支；3.增加效能。以下一一為各位解說。

增加收入

每一個企業經營者都有一個最主要的目標，就是要多賺點錢，最簡單的方法就是增加收入。換句話說，多點錢進企業，企業的營收會變高，老闆的口袋也會滿滿。**增加收入的方法包括：**

1.增加銷售額。

2.提升轉換率，化潛在客戶為實際消費者。

3.擴散式行銷：促使客戶推薦企業給其他使用者。

4.增加每筆銷售的價值。

5.加速銷售流程，讓內部的業務員可以賣出更多產品。

6.從現有客戶那裡獲得源源不絕的訂單。

7.重複產品銷售，從客戶那裡產生重複增加的收入。

對了，光看這份清單你就知道業務員的責任有多重大了吧！因為要增加企業收入的條件，全數都取決於銷售的狀況。

減少開支

這說起來簡單輕鬆，但執行起來卻得小心翼翼。企業當然可以刪減成本節省開銷，以反應在財務數據裡，但刪減成本常會影響收入。對企業來說，許多開支其實都是投資，用來換取對企業有利的報酬。

舉例來說，我花在行銷跟廣告上的錢，是為了換取增加銷售的更高報酬。我買比較貴的蘋果電腦，但拜蘋果電腦高階的網路音訊軟體及影音處理效能所賜，我賺的錢遠比成本多了許多，它讓我能自行製作 CD 及 DVD，來做線上或現場銷售。而我每個月固定支付的網路伺服器費用，也是我賺錢的管道之一，因為若沒有穩定的網路，也就沒辦法推出線上產品，其他案例更是不勝枚舉。

　　企業經營者只要聽到有人對他們說，「我們可以節省您的成本，」他們的心頭總會抽動一下，因為他們會不禁揣測節省這樣的成本，究竟會給企業收入帶來多大的衝擊。以公司的網路伺服器為例，如果我換到另一個比較便宜，但是卻比較不穩定的網路伺服器公司，會有怎樣的後果？網路只要不定期斷線幾個小時，我就可能因此損失上百美元以上的收入。如果我買了一台比較便宜的電腦呢？人都貪小便宜，但是用比較低階的電腦，我就無法自行製作能帶來收益的影音產品，這損失遠比買台高階電腦要貴得多。

　　這下你明白為何「我們可以節省您的成本」，是最不該跟企業經營者說的話了吧！

　　另外，以低價出售自己的產品，只要開了先例讓消費者想藉著買便宜貨省錢，那麼只要遇上另一個以價格更低為訴求的競爭者，你的低價優勢便消失了。

　　所以，不要以為你的價格夠好就具備優勢，這世界上總還是會有價格更優的產品。如果你以低價為訴求，你也

會敗在低價競爭上。

不過，想節省成本不一定得買比較低廉的產品。在與另一間收費較貴的貨運公司合作後，我反而省下更多運送成本。一開始我也不明白這個道理，但我之前合作過的貨運公司，收費雖然較低，但常在出貨前就把我的產品弄丟，害我還得緊急寄出替代品。結果變成我得付兩次運費，還損失不少成本。在與較貴的貨運公司合作後，我反而省下先前額外支付的損失。

這也是為何企業經營者聽到業務員提出低價條件時，總會感到存疑的原因。基本上我們都期待收費較低廉的貨運公司也該提供同品質的服務。而**減少開支的方法包括：**

1. 最明顯的做法：改用較便宜的替代品。

2. 換一個服務品質較好的供應商，以省下其他可能的花費，像我換貨運公司也是同樣的道理。

3. 以自動化流程代替人力處理，也這也是科技帶來的好處之一。

4. 以更節省成本的方式銷售產品，像是透過網路販售，而

非實體商店。

增加效能

一旦增加效能也就能增加企業產能與收入，而不用考量成本問題。換句話說，企業若想增加收益有兩種做法：一種是利用廣告行銷等投資換取報酬；另一種則是想辦法刪減成本。但只要能增加效能，企業就不需透過增加或減少開支，來增加收入。

以我來說，增加我工作效能的方法是聘請一名助理。他能處理我平常該處理，卻不一定得由我親自處理的事務，像是為我檢查電話與郵件、處理當天行程，以及與服務供應商聯繫等等。如此一來，我便擁有更多時間，可以推動業務而不僅是維持企業原有的運作而已。若我能以過去寫一本書的時間來完成兩本書，不僅增加了我的工作效能，也提高我的收入，這正是聘請助理的作用。

另外，我最近聘請一位行銷文案好手來重寫我的網

頁，雖然我自己就能重寫網頁，但是讓專業人士來做有兩個好處：第一，專業人士做得一定比我好；其二，這樣我才有時間做別的事情，像是寫這本書。因為每天時間有限，而寫這本書遠比重寫網頁來得重要，如果我不請別人來做，我想重寫網頁這件事大概遙遙無期。

效率，正是促使企業成長的要素。我們多被教導在與潛在客戶碰面時要問些無關緊要的問題，像是「您希望五年後人在哪裡？」事實上，這對企業經營者而言是個很重要的課題，只是業務員並不把這個問題背後的意義當作一回事。你不該直接丟出這個問題，而要像其他頂尖業務員一樣，打從一開始就表現自己，證明自己十分瞭解企業經營者會遇到的挑戰及應擔負的責任。

若你明白企業要達成的目標，抱著充足的準備走進企業大門，你就能直接與企業經營者做深度對談，而不用再問些無關緊要的話題，表現得像個不專業的業餘人士。**增加效能的方法有：**

1.加速流程，花較少的時間完成同樣的任務。

2. 多重作業，花同樣或較少的時間完成更多任務。

3. 以同樣的時間生產更多的產品。

4. 雇用或將專業服務外包：會計、律師、顧問。

5. 使用個人服務：租用服務以節省自己的時間。

6. 研擬更快的付款方法，以利現金流動。

到底企業經營者在想什麼？

　　明白企業的三大目標後，讓我們重新來檢視。讓我來回答前文曾提過的一些話，「那些業務員不該說出口，卻又不知原因為何的話」。讀完下面這一段，你就知道企業經營者如何解讀你提出的說法。

1. 我們能幫助貴企業。此時，企業經營者的想法：「怎麼幫？說明確一點，你如何協助我達成任何一個我想達成的目標？」

2. 我們的產品絕對能令您的生活更輕鬆、容易。此刻，企業經營者的想法：「怎麼做？況且你怎麼知道我在意這

件事？我要讓企業更有競爭力，需要達成三個目標，你的產品與我的目標毫無關係。你的產品能提升我的企業效能嗎？如果可以的話，那就說明確一點。如果不能的話，請你快點走，我不需要你。」

3. 我們有能力改善您的生產力。這時，企業經營者的想法：「好吧，這我有點興趣，但我想知道更多細節，你得更明確的告訴我。真的可以提升我的企業效能嗎？可以的話，怎麼做？」

4. 我們能為貴企業省錢。當下，企業經營者的想法：「很好，又來一個，這已經是這星期第 10 個說他能為我省錢的業務員了。我幹嘛要省錢？為了讓自己在需要幫助時，得不到應有的協助，而且還越幫越忙？真是夠了！」

5. 當您安裝本產品後，效能一定提高。這時候，企業經營者的想法：「提高效能的確是我需要的，但你要怎麼做？講清楚一點。我要聽確切的內容，其他廢話就別多說了。」

　　上面這段就是在告訴你，說話時要切入企業經營者關心的三個重點，而不要一直打迷糊仗。若你能為企業達成任一目標，你就得明確地說明細節。事前先充分調查瞭解該企業，與企業經營者洽談時才能有所發揮，激起對方的興趣，甚至讓對方產生向你購物的欲望。

　　企業經營者最愛聽的內容就是確切的數字，還有實際進帳的金額。以我所使用的廣告為例，它帶給我的投資報酬率是百分之四百，也就是說，我每投資 1 元，就能賺回 4 元，因為成效很好，我自然會繼續使用該廣告。

　　不過我卻不曾看過利用確切的數字、個案、具體成效來推廣自己的行銷計畫的企業。我相信他們若能明確說明透過他們的廣告媒介，可以達成百分之四百的投資報酬率，不少企業一定會趨之若鶩。但這類企業卻只用模糊的廣告詞，像是「我們能有效、快速簡單的方式為貴公司宣傳，讓所有的客戶都能收到您的相關訊息」等。大多數的企業經營者對這種宣傳絲毫不感興趣，能夠引起經營者注意的只有確切的數字。

另外，成功人士都非常重視時間，更甚於其他資產。讓企業經營者明白你能如何為他們節省時間，跟給他們錢一樣受他們歡迎，更甚者，他們甚至覺得時間還比錢重要。當我付錢請他人做事時，是因為由他人完成該事可以省下我的時間。時間就是金錢，我可以利用省下來的時間賺更多錢，還有推動企業成長進步，這遠比將時間花在文書工作上要好得多。其他的企業經營者也是這麼想的。如果你有辦法每天為他們省下一點時間，他們會很感激，也會為此尊重你。

善用「利益抗辯」的好處

既然你已明白何謂企業經營三大目標：增加收入、減少開支、增加效能。那麼，就讓我們找個能整合三大目標的說法，一旦你能到達這境界，你就會瞭解企業經營者的終極語言：**利益抗辯**。

我們大多聽過也用過所謂的「成本抗辯」，意思就是

產品自會支付成本。不過,幾乎所有的企業經營者都不會滿足這樣的結果,因為他們要的是賺錢,而不只是收支平衡。他們希望增加投資金額,創造更高的投資報酬。誰想打平收支?這絕不是聰明的企業經營者會想做的事,他們要的是成長與進步。當你能提出為企業創造更高收益的做法,潛在客戶會視你為座上嘉賓,因為你的產品能為他們帶來財富。

以我常用的高階電腦為例,它為我帶來財富,因為我可以用它製作能帶來高度收益的產品;我購買錄影及燈光設備也是基於同一個理由,不是為了收支平衡,而是為了增加收入。

當我是業務員時,身上穿的高級西裝,也是為了讓自己更加體面,給潛在客戶好的印象,讓自己充滿自信,也增加了成交的可能性。每當我買西裝時,我總是想像自己是個成功的業務員,西裝筆挺、訂單源源不絕。

當我決定為公司添購物品,就不會僅找廉價的物品,而是找會錢滾錢的產品,這正是企業經營者共同的理念。

　　只要你瞭解企業經營者的想法，知道該問怎樣的問題讓你跟企業經營者站在同一陣線，讓產品產生錢滾錢的效益，其實一點也不困難。假設我還沒買電腦，也沒有可以製作DVD的工具，而你打算賣這些產品給我，我們之間的對話該是如此：

湯　姆（打算賣東西給我的人）：法蘭克，當我們在討論收
　　　益來源時，你曾提到想提供線上使用者可每月訂
　　　購的產品，對嗎？

法蘭克（我）：對啊！最好是像行銷人員常會提供的CD。

湯　姆：你想花多少錢在那樣的產品上？

法蘭克：以有聲CD來說，大概每個月20美元左右。

湯　姆：嗯，你該怎麼提高價格呢？要讓客戶付超過20美
　　　元，只為了一個1小時左右的CD還滿困難的。
　　　你有沒有想過改用影音DVD呢？以業務訓練
　　　來說，我想大家會寧願買較貴的DVD，而不是
　　　CD。

法蘭克：的確是這樣，我也有想過這層面。如果我提供的
　　　　是DVD產品，客戶很有可能願意每月花50美元
　　　　訂購。不過以我現有的電腦設備來說，要製作一
　　　　張CD比較簡單，況且我又不會處理影音產品，
　　　　若要製作影音DVD，我得每月去一次錄音室錄
　　　　音，實在是又貴又麻煩。為了要損益兩平，一份
　　　　DVD產品，我得報價100美元才行。這是為何我
　　　　會想提供CD的原因，因為它比較好處理。

湯　姆：法蘭克，其實製作影音DVD一點也不困難。只
　　　　要你手邊有軟體與設備，錄製影音DVD跟製作
　　　　CD一樣簡單。

法蘭克：我不太明白你的意思，我以為只有專業錄音室可
　　　　以做到這樣。再說詳細一點吧。

湯　姆：我們約下週見面好了，屆時我會為你準備好完整
　　　　的資料。對了，你覺得訂閱人數大約多少？

法蘭克：因為產品還沒推出，也沒辦法給個確切的數字，
　　　　但以我的顧客群來說，最少會有500人訂購。

　　一星期後我們碰面。湯姆帶了一台可以做內建影音軟
體的筆電，示範製作 DVD 是很簡單的事。在看完示範後，
我感到非常雀躍，因為我的事業即將踏入一個新的領域：
影音產品。

法蘭克：嗯，我對你的產品很感興趣，不過它的價格多
　　　　少？

湯　姆：在我來之前，我已經先為你粗略估算過。依最低
　　　　訂閱者的數量 500 人來說，CD 與 DVD 產品的預
　　　　估收入如下：

【有聲 CD】

每月訂閱價格	US$ 20
五百名訂閱者	US$ 10,000
最低成本	（- US$ 1,000）
每月收益	US$ 9,000

【影音 DVD】

每月訂閱價格	US$ 50
五百名訂閱者	US$ 25,000
最低成本	（-US$ 2,500）
每月收益	US$ 22,500
影音設備成本 （電腦、相機、燈光、其他設備）	US$ 20,000
第一個月的收益	US$ 2,500
第一年的收益	US$ 250,000

湯　姆：成本 20,000 美元的設備投資，一開始看起來不太
　　　　划算，但在第一個月便有收益進帳，更別提第一
　　　　年的龐大收益，還有未來每一年的預估收益。

法蘭克：嗯！這聽起來真的很吸引人。你說得沒錯，我買
　　　　這些影音設備並不純粹為了享受，而是為了創造
　　　　營收，沒有這些設備我還真不能做什麼。我要裝

一套，你預計最快何時可以幫我安裝完成？

　　這正是利益抗辯的最典型案例，從案例中可以發現，根本用不著任何成交法，也不需要做任何銷售，只要顧客明白購買你的產品可以帶來好處，就會變成是顧客想要跟你買產品。

　　利益抗辯，是業務員在與企業經營者溝通合作時最重要的利器，也是企業經營者與頂尖業務員的共通語言。

　　頂尖業務員要瞭解企業經營者的想法，腦子裡要擁有的知識與資訊絕不僅只於我所提過的這些內容，我只能給個方向與想法，讓有心成為頂尖業務員的你，知道與企業經營者共事時該考慮些什麼。雖然用不著去修專業的財務或會計課程，但我強烈建議業務員都該讀些入門的商業書籍，才會對企業的財務管理、會計及現金流量等項目有基礎概念，也才能瞭解企業經營者的經營考量。

第 *9* 章
頂尖業務員
都是受人景仰的專業人士

顧客深信與你合作是最佳選擇,能帶來最大利益。

此時,你的地位不再是普通的業務員,

而是受敬重的專業人士,甚至是值得信賴的顧問。

Selling
Sucks!

用文章行銷、新聞稿及新聞報導證明自己，而這正是頂尖業務員被視為專業人士的原因之一。

　　沒有什麼比成為一個受大家認可的專業人士，更能提高你的銷售業績、增加你的競爭力。一旦你被視為某個領域裡的專業人士，潛在客戶便不會再將你當作一般的業務員，你的地位立即從業務員攀升成受人敬重的諮詢人員，或是值得信賴的企業顧問。所有的頂尖業務員，在潛在客戶及客戶眼中都是這樣的形象。

　　想像一個有購買需求的潛在客戶，他與好幾個業務員約好要碰面，瞭解自己有怎樣的選擇，順便進行比價。前幾人表現得非常平凡，一副普通業務員的形象，他們看起來很渴望成交這筆生意，甚至還說些蠢話，像「您覺得該怎麼做，我們才能促成這筆生意？」（千萬不要再問這種問題了）。他們向潛在客戶報告自家公司的歷史沿革，描述之前曾經服務過的其他客戶，表示自己能提供最佳的客

戶服務，問一些與潛在客戶所屬企業不相關的問題，提出千篇一律的提案，然後用略帶強迫性的銷售手法，打算成交這筆案子。

輪到你時，你西裝筆挺散發出自信的風采，依我的建議傳達出適當的肢體語言，不做無關緊要的閒聊，免得浪費對方時間，說話簡潔有力不拖泥帶水。另外，與其他業務員相比，你的表現自然毫不扭捏，不顯得過分緊張，所以潛在客戶從你的表現，推斷你是位成功的業務員。你提出的問題切合潛在客戶的企業需求，因為符合他們以利益為導向的思考條件。你的表達方式清楚地讓潛在客戶明白，你此行的目的在於提供對公司發展有實質助益的方案，這一切加總的結果，塑造出你給潛在客戶的形象——值得信賴的企業顧問，而非單純的業務員。

在結束這次會面之前，你已成功地在潛在客戶心中留下好印象，也讓他相信你是個值得託付的對象。最後，你感謝潛在客戶花時間與你會談，接著交給他一份文件，並告訴他們，「這是我的一些資料，您也許會想看看，我也

希望您可以信賴我的專業。期待再次與您碰面。」在潛在客戶讀過你給他的文件資料後，會發現好幾篇指出你是該領域專業人士的相關報導，或許也曾拜讀過你發表過的數篇文章。

你剛剛的所作所為，正創造了成交這筆生意的機會。只要你能用新聞報導證明自己是某領域的專業人士，潛在客戶絕不會考慮與他人合作。

基本上，新聞報導上曾提過的專業人士，都是收費昂貴的諮詢人員，許多潛在客戶根本支付不起與他們合作需付的費用。以新聞裡常提及的行銷專業人士來說，請他們寫一篇網頁或業務信函的價格，就要高達上萬美元，這正是每一行佼佼者的收費價格。新聞報導中很常提及的法律專業人士，也所費不貲。像我這種常出現媒體報章雜誌，也寫過好些出版文章的作者，每一次的諮商費用自然是不會便宜到哪裡去。

若是能請專業人士提供改善企業運作的意見，其實人們會願意花大錢尋求他們的協助。這時，你走到潛在客戶

的面前，你的資歷甚至比某些專業人士更好，你願意與他們免費合作，而他們要做的僅是購買你的產品。

你現在明白成為自己工作領域的專業人士，對你拿下更多訂單有什麼助益。你也發現不用再做推銷，潛在客戶自會主動向你購買，只要你學會我接下來說的這些訣竅，你就不用再運用任何成交法，因為生意會自動上門。

只要你能成為工作領域的專業人士，並用新聞報導證明自己，潛在客戶會忘掉他們原本考慮是否應與你合作的理由，將注意力放在你是個受大眾認可的專業人士之上。他們開始認真考量與你合作的潛在利益，他們只要購買你的產品，就不用支付龐大的諮商費用，因為他們明白只要成為你的客戶，就能直接尋求你的協助與意見。

這正是頂尖業務員被視為專業人士的原因，因為這是加強業務生涯最有效的方法之一。

你一定覺得，要成為媒體裡會出現的名人一點也不簡單，更遑論成為一個在工作領域裡大放異采的專家。你若這樣想就大錯特錯了。以下三個方法，能讓你輕鬆成為業

界的明日之星，成功指日可待。

文章行銷

你可以做一件不用花你一分錢的事情，就是寫一篇或幾篇與你工作相關的文章，然後公布在網路上的文章目錄裡，我個人是偏好將文章貼在 EzineArticles.com 這個網站上。

我固定會這麼做，這也是為何他人視我為業務方面的專家。張貼文章的成效驚人，許多人看了文章後去看我的網站，最後也會買我的產品。所以說這是文章行銷，而不是叫你寫寫文章而已。你寫的文章，不僅可以證明你的專業能力，還能增加你的曝光度，招來許多新的潛在客戶。甚至，當人們在網路上搜尋與貴產業相關的文章時，還會發現網路上四處都可以看到你寫的文章。

相信我，你寫的文章隨處可見。 EzineArticles.com 的目的，正是提供網站經營者或電子報出版商，可以尋找相

關出版文章的來源。所以這些文章才被稱為自由轉載文，在刊登文章的同時，你也允許其他閱讀該文章的人，有權免費轉載你所寫的文章。不過免費轉載有個條件，就是想轉貼你文章的人，務必在文末註明你的聯絡資料，也可以在聯絡資料欄中附上你的照片。

不久前我收到封 e-mail，寄件人是不久前照我建議執行的讀者。針對目前服務的產業，他寫了幾篇相關文章，並將這些文章張貼在 EzineArticles.com。一月後，他的文章已遍布在其他五個網站上。從那時起，他每天都會收到潛在客戶的來信詢問，表明希望與他詳談的想法。

寫那幾篇文章僅花他幾個小時的時間，但 3 個月後卻是成果豐碩，手邊擁有願意向他購買產品的潛力客戶名單，卻是長長一串。這樣的成果，還有他人引薦給他認識的潛在客戶，曾與他合作過的客戶，都很願意向其他人宣傳自己曾與名人合作過。透過發布幾篇文章，他的知名度與信用與日俱增，他今後也許不用再找尋潛在客戶了。

對業務員來說，透過文章來進行自我行銷，有以下三

個好處。

第一，提高知名度，吸引潛在客戶主動打電話跟你聯
絡。比較聰明一點的消費者在購物前，都會先上網搜尋相
關訊息，如果你的文章在網路上隨處可見，你自然立於有
利的曝光焦點，潛在客戶也會受你吸引而主動聯絡。還記
得，讓潛在客戶主動打電話給你，對你們之間的互動模式
會有怎樣的影響吧？能夠與準備好要向你購買產品的客戶
面會，是個很愉快的經驗，最起碼不用一直跟拿不定主意
的潛在客戶大眼瞪小眼。

第二，對於你已經有合作關係的客戶，可以建立起相
當程度的影響力。以本章一開始曾經提及的情況來說，在
訪談結束前將關於你的資料文章交給客戶，能夠加深他們
認為你是名專家的印象。這是其中一個做法，另一個方式
則是在與潛在客戶碰面前，先透過 e-mail（或是一般郵寄
方式）將你寫的文章寄給他們看，而非一般的「感謝能有
此機會與您會晤」的感謝函，或是「確認雙方碰面」的確
認信。在碰面前寄自己的文章（或是文章的連結網址）給

潛在客戶，並簡短說明「期待與您碰面，這些是我最近出版的一些文章，希望您能夠更瞭解我所從事的工作，這樣與您碰面時，更能針對您的需求進行討論。」

這不僅能建立你在潛在客戶心中的地位，更讓你處在極有正面積極的位置上，因為你考量的是客戶的需求，而非單純想成交一筆生意而已。你也能夠藉此機會鞏固自己在整個銷售過程中的主導地位，因為有能力滿足他人需求的人，才擁有主導權；而等候別人滿足自己需求的人，僅能任他人掌控。若想成交，你就要拿到主導權，也才有機會維持自己的主導地位。

第三，透過文章行銷散布自己的名字，你會被歸類為網路名人，一個最近越來越流行的稱謂。你知道越來越多的潛在客戶，會透過 Google 搜尋你的名字？在與你見面之前，聰明的潛在客戶會先上網搜尋與你相關的消息，若你在房地產或是保險等提供私人服務的企業服務，潛在客戶更習慣事先搜尋相關訊息（最好別犯過什麼過錯，不然客戶也會搜尋相關消息）。他們會先找看看你是否有過負面

消息，或曾被人提出告訴。不過基本上他們只是希望事先知道你是誰。

同樣利用文章行銷的客戶告訴我，他覺得自己要比其他競爭對手有競爭力多了，因為人們只要用 Google 搜尋一下，就能找到上百筆關於他的資料。原因很簡單，有超過好幾百個網站曾轉載他的文章，而且未來，轉載文章的網站只會增，不會減。

一旦你將文章行銷納入整體銷售策略中，建議潛在客戶上網搜尋與你有關的消息，對你只會有益而無害。只要你的文章出現在許多網站上，你只需傳給潛在客戶一兩篇文章，並告訴他們，「若您還想知道更多相關訊息，只要搜尋我的名字就可以了。」

現在就試試吧！我剛在 Google 上搜尋「Frank Rumbauskas」，結果跑出兩萬多筆資料。第三筆資料寫著：「Frank Rumbauskas，EzineArticles.com 的專業作家」。只要你採用文章行銷，改天在網路上搜尋你的名字時，也會出現類似的效果。現在就動筆吧！幾天後便能立

收成效。你就能在其他網站上找到標註你是專業人士的評語，也能立即將附有該評語的網站文章，再度轉寄給潛在客戶看。

其實除了 EzineArticles.com，網路上還有其他自由轉載文章的發表空間，你也可以再找找在你所屬國度中的其他網站，並將你寫的文章全數張貼在那些網站上。我會建議你定期發表，最好是一個月一篇，這樣才能持續新增內容，並增加曝光量。你也可以每月將新發表的文章寄給電子報客戶看，這也是個不錯的方法。這個部分會在第十一章會再多做說明。

新聞稿

大家都誤會新聞稿的用意，因此沒有幾個業務員知道新聞稿其實是種銷售利器。更糟的是，業務員認為新聞稿與他們毫無關聯，也不曾想過利用它來增進銷售，這是一個錯誤的觀念。能夠妥善運用新聞稿的人（照我接下來的

說明去做），獲得的效益要遠比利用文章行銷好上 10 倍。

你用不著公關公司來為你發布新聞稿，也不需要擁有記者朋友，甚至你不一定非得很有名。就像文章行銷一樣，你需要的工具網路上都找得到。我個人偏好的網站是 PRWeb.com，這也是我處理新聞稿的地方。不過，它是個收費網站，不像文章行銷網站多是免費的。不過，這類網站能發揮的功效，遠比單純地發布文章來得大，所以採付費制也是合乎情理。在寫文章時，付費 80 美元給 PRWeb.com，他們會為你在各主要媒體通路上發表相關新聞稿。你覺得這樣會帶來多少銷售額？我想，不多。聽聽我的建議，還有該如何使用新聞稿。

新聞稿之所以是個利器，最主要的原因是因為它們會自動出現在 Yahoo! 新聞或是 Google 新聞裡，Yahoo! 與 Google 稱得上最主要的入口網站。我不認識你，所以我不知道你會怎麼做，但我每天都會固定瀏覽 Yahoo! 新聞，當我讀到某篇有趣或重要的文章時，也會把那篇文章 e-mail 給朋友看，我的朋友只要登入信箱收信，便可以直接閱讀

該篇文章。

　　你知道嗎？當你發表相關新聞稿時，這些資料會跟其他新聞，一起登上 Yahoo! 新聞的網頁。你根本分不出來你的新聞稿與其他新聞報導有什麼差異。但你若能交給潛在客戶一篇從 Yahoo! 新聞網站上列印下來的文章，上頭稱呼你為某產業的專業人士，你覺得潛在客戶會有怎樣的觀感？現在，你明白為何利用新聞稿，可以讓競爭對手完全失去舞台的原因了吧！你也可以透過這個機會，塑造你的專業形象，成為一個每個潛在客戶都想請你協助的企業顧問。

　　除了可以把與你有關的新聞列印下來，親自交給潛在客戶，還可以利用「轉寄給朋友」功能，將相關新聞直接 e-mail 給潛在客戶。我強烈建議你在新聞稿發布後，立刻在 Yahoo! 新聞上找到該篇新聞，並寄給你所有的潛在客戶及現有客戶，你也可以寄給人際互聯網裡的意見領袖，不管他們是不是你早已有合作的對象，或是過去對你不理不睬，但你想爭取的有力人士。

　　你的新聞也會登上 Google 新聞的版面，所以你也可以選擇寄 Google 新聞給潛在客戶。在 Yahoo! 與 Google 新聞上找到你的相關新聞，然後將這些文章轉成可以列印的 PDF 檔，以利收藏。

　　除了可以在網路新聞中找到相關報導，新聞稿也能大量增加你在網路上的曝光率，帶來兩大好處。**第一，新聞稿及網路新聞在搜尋引擎上的評價較高，因為搜尋引擎多會給予非商業性網站（不銷售物品的網站）較高的評價。第二，當潛在客戶上網搜尋你的姓名時，也會發現你是新聞故事的主角人物。**

　　Yahoo! 及 Google 新聞，會讓潛在客戶深信與你合作是最佳選擇，能帶來最大利益。甚至於，如果你的新聞稿內容有趣、重要，而且寫得很好，其他媒體也有可能採用。像我有一篇新聞稿就曾被 CNN 旗下的電台採用，想想有多少人會聽到關於我的新聞。

　　當我準備購買時，一定會選擇與曾被報導過的人物合作，而非某個默默無名的人士，我相信許多潛在客戶也會

做出同樣的決定。

新聞稿中該寫什麼內容呢？這是個很重要的問題，因為新聞稿主要是強調你有什麼賣點的文章，而不單單只是為了讓人讀過而已。新聞稿中應說明產業資訊，指出你是該產業的專業人士，但寫作口吻應風趣幽默具新聞價值，而非單純為了推銷產品。下面這篇深受 CNN 旗下電台喜愛的內容，是我花了 80 美元透過 PRWeb.com 所發布的新聞稿：

頂尖業務員不屑做電話行銷科技
讓他們工作變簡單，也賺更多！

（鳳凰城，亞利桑那州訊）「電話行銷早已是個過時的銷售技巧。」銷售專家 Frank Rumbauskas 一語道破這個業務界存在已久的迷思。

「電話行銷曾是通往銷售之路的例行儀式，不過時局早已不同，這個世代的專業銷售人員也不再吃這一套。

他們明白電話行銷不再有效的原因，也不想掉進這個圈套裡。」Frank Rumbauskas 強調。

他解釋，因為人們接陌生電話接到手軟加上心煩氣躁，只要接到這樣的電話，口氣一定不好，新進業務員絕不想處理這樣的狀況。況且，現在的業務員對網路與行銷技巧都很有一套，深知做電話行銷是最沒有效果的銷售手法。

「新進人員會先試著打電話做行銷，但在面對過潛在客戶憤怒的反應後，他們不是打算換工作，就是拒絕打這類推銷的電話。」Frank Rumbauskas 說。

「線上企業網路已經非常發達，也擁有許多會員，因此業務員可以輕易地與許多潛在客戶搭上線，相形之下，電話行銷的拜訪便顯得無足輕重。網路發展已大幅改變這個世代的業務員，還有他們如何開拓業績的方式。」

Rumbauskas 更表示，電話行銷如今已是窮途末路，是過去那個年代業務員的技巧遺跡。今日的頂尖業務員，都是利用自我行銷來開拓商機。

其實這篇文章的辭藻一點也不華麗，但內容簡短而且直接說明重點，這正是為何主要媒體通路會喜歡這一篇新聞稿的原因。

在寫新聞稿時，務求文章內容擁有新聞價值；想一想什麼樣的內容會吸引讀者。事實上，大家都知道電話行銷是個過時的銷售技巧，但是搭配適合的新聞標題，以新聞的方式加以報導，就能成為一個值得報導的新聞內容。

另外，你寫的新聞稿不用像我的那麼簡短，500 字左右的新聞稿是上限，否則反而會因為文章內容過於冗長，而失去被其他媒體選用的機會。不過，新聞稿只要能登上 Yahoo! 或 Google 新聞，也就值回票價了。

新聞查詢服務網

第三個大家認可的方法，是最昂貴，也是最不保證有效的。不過，這個方法若是成功，成效遠比文章行銷與新聞稿同時使用來得高，所以我決定把這個方法告訴大家。

再次強調，不是所有的人都適合這個方法，但你若願意將自己的時間與金錢投資於此，耐心等候，你絕對會成果豐碩。

每當記者需要某領域的專家，協助他們完成某篇報導時，他們就會上新聞查詢服務網。以我自己的經驗為例，想報導與業務銷售相關的記者，會在招待所內張貼他想報導的文章標題、需要的相關資訊，以及與該記者聯絡的資訊（可以把這個當作另類新聞稿）。

我有用 e-mail 訂閱查詢服務網，表示我願意收到一切與業務還有行銷相關的查詢，所以在記者張貼完訊息後，我便會收到相關郵件。若是與我的專業有關，我也有自信可以妥善回答，便會回信給該記者，以簡短幾句話介紹我的相關背景，並針對他提出的問題加以回答。記者在讀完大家寄給他的相關資料後，會擇一或綜合所有資料寫成一篇報導。

若在閱讀報章雜誌時，看到某句來自某專家的引言，99％是依上述的方式取得資料。但在讀者眼中，他們相信

記者一定曾與該名專業人士做過訪談，那篇報導因此顯得更有份量而有人味。

不過我一開始就指出這個方法不一定有效，而且得很有耐性。你不一定每天都會收到與你專業相關的查詢，像我的話，約莫好幾個月才收到一封，而且這一切得視提出問題的記者，是否願意將你提出的意見納入他的報導裡。一旦這個方法成功，帶來的好處不可限量，你的可信賴度將大幅躍升，絕非其他方式能夠比較的，它為你開啟通往成功的大門，助你在職涯發展上邁入另一個階段，因為你的名字將會出現在主流雜誌與能見度高的出版品中。

我選用的新聞查詢網是 PRLeads.com，它目前的收費是每月 99 美元，收費並不便宜，但想像你的話若能被某記者引用，出現在主流出版品中，會有多少人看見你的名字及你說過的話，這投資就算十分值得，它的潛在價值無可取代。

其實將自己視為專業人士並不困難，成果也著實令人讚嘆。若有哪個業務員不願採用上述那些輕鬆方法，尤其

是前兩個，我不禁要懷疑他們的腦筋是否正常。

備妥媒體報導資料袋

開始運用相關技巧後，我建議大家應該準備好一份媒體報導資料袋，車上或是公事包裡都應放著幾份。媒體報導資料袋其實不用做得很花俏，主要是個展示用的文書夾，用平常簽呈報告的那種即可，內容包括：你寫過的文章、新聞稿，或是你夠幸運，有記者願意採用你的說法，你便可將包含你名字的雜誌內容剪下，一起放進資料袋中。裡頭最好也放上幾張你的名片，我個人偏好在文書夾內附上名片。

如果你希望做得更精緻一點，或者你專攻高級品市場，獲取的龐大佣金可以支付額外花費，可以去拍張專業照片，製作印有你名字、照片還有聯絡資訊的文書夾。

我自己也使用媒體報導資料袋，這是專業講者必備的行頭之一，目的是為了讓會議主辦者還有其他需要相關服

務的人員，能很快瞭解講師的背景及優勢。猜猜我的媒體報導資料袋裡放了些什麼？沒錯，你猜對了，除了示範教學 DVD 等光碟外，我也將我寫過的幾篇文章、關於我的新聞稿及相關報導，一起放入其中。

除了提供潛在客戶你的媒體報導資料袋外，在參與由你擔任講師的人際互聯網活動時，千萬別忘記要多帶幾份。對了，在這樣的場合送出媒體報導資料袋，能夠為你帶來好幾場免費演講的機會。就像第 5 章曾說過的，若你只是打個電話或寫 e-mail 給商會，表明你可以提供演講服務，他們不一定會認真看待。但你若能寄份媒體報導資料袋給他們，在知道你的專業背景後，甚至還有可能獲得有酬勞的演講機會。

若你只打算使用本書某一章節所教的技巧，那請你務必挑選本章，這樣才能在短期內成為一名頂尖業務員。現在就放下這本書，開始著手寫第一篇文章，張貼上網。只要你現在立刻執行，明天就能享受被稱為專業人士的滋味。坐而言不如起而行，現在就開始動作吧！

　　另外，透過發表出版文章及新聞稿所累積的專業形象，對你未來的職業發展非常有力。下次當你在要求升遷、加薪或公司在進行年度評估時，記得帶著你的媒體報導資料袋，這絕對會讓主管印象深刻，協助你得到想要的結果。同理適用於找工作的時候，或是中小企業老闆打算向銀行貸款，或是尋找新的投資人時，只要你累積足夠的實力與經驗，之前從不知道的機會就會向你招手。

第 *10* 章
頂尖業務員會利用免費的公關

用最有效率，

也最省錢的自我行銷方法做免費公關，

增加媒體曝光率，

並鞏固及擴展自己的專業形象與潛在客戶！

Selling
Sucks!

業務員其實就像在經營自己的事業一樣，在
蛻變的過程中，你得為自己準備好一些基本
設備。

　　前文已經說明如何成為一個受大家認可的專業人士，
目的是為了吸引更多潛在客戶主動聯絡你，幫助你以企業
顧問的形象輕鬆談成交易。本章將教你如何利用已建立的
專業形象，擴大你在當地媒體的曝光率，鞏固你是業界翹
楚的形象，讓人們願意主動與你聯繫、自動準備掏錢向你
購買產品或服務，使你從此不再需要進行任何推銷。

　　我也說過，記者如何利用新聞查詢服務網，獲取資訊
撰寫報導。你一定很好奇為何記者會使用這類服務，因為
記者身邊應該有一堆公關人員圍繞，竭盡所能提供各種資
訊，吸引記者的注意力。記者家的大門雖不至於被來訪的
人潮踏平，但一定有不少人前去拜訪他們，只為了能登上
雜誌或新聞報導內容。

記者也會有「缺稿」的時候

錯！我在我的第一本書曾說過，記者也得開拓人脈。他們的工作壓力其實很大，因為日復一日、年復一年，截稿的壓力從未停止，他們永遠得想辦法擠出有趣又新穎的題材報導，一般人很難理解要不斷找出新聞的難處。

另外，一堆人爭相黏著記者，要求記者報導他們公司的相關新聞其實很少發生，因為大部分的人並不認為記者真會這麼做，所以自然不會去進行。很多俊男美女常抱怨沒人約他／她，其實是因為人們通常太害羞的緣故。同理適用於傳播媒體這個圈子，不太有人相信自己真能成為新聞報導的主角，所以他們也不會想去試試。

我相信，你也認為只有名氣大或很厲害的人，才能成為新聞報導的內容，但事實絕非如此。只要能成為記者的新聞資訊來源，你就會成為他們眼中有價值的服務網。你提供大綱條件，他們自會寫成一篇報導。依著我第 9 章所教導的技巧去做，這時的你已成為受大家認可的專業人

士，所以讓記者報出你的名字，其實並不困難。

「餵」媒體，讓你更上一層樓

你該做的第一件事，就是列出你希望能曝光的媒體。我建議你可以從當地報紙、社區商業出版品，或是商業期刊著手。以我為例，在商業期刊中曝光對我最為有利，因為我剛好待在企業對企業（B2B）的業務領域，也就是說，要在哪些媒體尋求曝光率，就要看你販售的產品服務及對象。

想與你該聯絡的記者聯繫，最好先取得每份出版品的內容，找到相關產業的新聞報導。每家出版社或報社記者的專長不同，在讀過報導後，你才知道該積極聯絡上的記者是誰。他們的姓名都會出現在報導上，出版品也會印有出版社或報社的地址電話或 e-mail。如果沒有，只要上該出版社或報社的網站，或是打總機詢問就可以了。

既然有了出版社或報社網站，你也不必特別去找相

關文章，因為出版社或報社網站基本上都有免費的搜尋功能，你可以直接在網站上搜尋文章，更甚者，某些網站會直接列出自家記者的姓名與專長領域。

只要你照著第 9 章所教的技巧去做，就會擁有一份屬於自己的媒體報導資料袋，一旦記者知道你許多媒體的經驗，自會視你為專業人士。將你的媒體報導資料袋寄給你已鎖定的記者，附上一封自我介紹信，詳述你是某產業的佼佼者，順便請他們讀讀你曾寫過或曾被引用過的文章，讓他們知道你願意主動與他們合作。（大多數的情況會是由記者主動打電話給你，因為他們的截稿日迫在眉睫，而又對你媒體報導資料袋的內容剛好有興趣。）

寄出媒體報導資料袋後，靜候幾天，再分別聯絡每一位記者。我偏好邀他們出去吃個飯，介紹自己並討論在我待的領域有什麼值得報導的新聞價值。大部分的記者在明白你的專業後，就知道你對他們有所助益。你會發現他們都願意與你碰面，趁此機會跟他們一起討論下一篇報導的內容。

不過，求記者在報導內說明你的聯絡方式，或附上你的聯絡電話比較困難，但若附上讀者都會想知道的網址，他們卻會一口答應。等你讀到第 11 章，你就知道擁有個人網站的重要性，也會學習如何架設個人網站。但本章的重點在於，讓你瞭解如何與記者搭上線，以及擁有個人網站的重要性。

做自己的經紀人

記得我曾說過擔任業務員其實就像在經營自己的事業一樣。只要你依著本書教你的方式去做，你一定會蛻變為頂尖業務員。但在蛻變的過程中，你得為自己的公司，準備好一些基本設備。

從這點來說，不管你為怎樣的公司工作，我希望你視自己為經銷代表，而非公司的雇員。你就是自己的公司，代表公司銷售產品與服務。

每個經銷代表都會有固定的基本設備，像是電話號

碼、e-mail 地址、傳真號碼，還有網站位址，這些都是成為經銷代表所需要的固定設備。不過這些號碼、e-mail 或網址，都是供你使用而已。為什麼？一旦你成為某一領域的專業人士，這一切都是為了你自己而非公司。當媒體雜誌報導你時，你拓展的是自己專業形象，而非公司的整體形象。要記住一點，潛在客戶願意與你合作，與你的個人魅力及專業表現有關，而與你在哪裡工作或是未來服務的單位無關。

這本書的主旨，在於教你如何成為一個頂尖業務員，當你在塑造專業形象，並擁有許多受你吸引的客戶後，你一定希望你的聯絡方式能永遠不變。

為何要擁有專屬的聯絡方式，有兩個原因。第一個原因說來尷尬，但這種狀況層出不窮，我相信許多辦公室也曾有過類似的狀況。那就是，有些業務員總是會情不自禁地擅用你的資料，或是偷偷搶走你的客戶。

至於，如何利用行銷文件來創造機會，這正是文件上需附有傳真回覆欄的重要性。我建議你申請一支專屬的傳

真號碼，原因如下。

在我開始使用專屬信箱，還有宣傳單派發服務後，我發現在宣傳文件上要求對方填好資料後回傳，回覆率提升3倍（傳真回覆欄只是宣傳單上要求對方填寫姓名電話，並予以回傳的欄位）。一開始我是留辦公室的傳真號碼，但我很快就知道，只要人不在辦公室，我就永遠拿不到這些回傳的資料。總會有人看到這些文件、拿走它們、打電話給潛在客戶、然後成交。這正是我建議你擁有個人聯絡方式的第一個原因，專屬於你的聯絡方式。我建議你要擁有專屬聯絡方式的第二個原因，是因為你若要求他人透過辦公室電話及公司網站與你聯絡，一旦你換工作，你就得全部重頭開始。你沒有必要這麼辛苦，你總希望在既有的基礎上，重新開始你的工作吧。記住一件事，我希望你視自己為自己的老闆，你服務的公司只是提供產品供你銷售，而佣金是你達成交易的酬勞。

這一切，都是為了讓你成為更高階的頂尖業務員。你絕不能在換工作後，發現自己兩手空空，得重新累積人脈

與他人對你的信賴。所以你得確保你的聯絡資料不變，辛苦努力這麼久，到頭來卻因為客戶無法聯絡上你而一切成空，由其他人接收你應得的成果，那就太冤枉了。

千萬不要懷疑擁有個人聯絡方式的重要性。我不當業務員而成為作家與講者已經 4 年，但直至今日仍有客戶打電話給我，打算向我購買我 4 年前販售的產品。我運用的策略效果顯著，而且效用長久，所以你該銘記於心並加以運用。

若有人在讀了你的新聞後決定跟你聯絡，你的網站會是他們聯絡你的最主要方法。所以務必確認與你有關的報導中都有提到你的網站。

建構你的正當性

當我登上地區性的商業期刊後，我獲得的潛在客戶資料直線上升。若你能提供更多消息給同一本商業期刊的同一位記者，我會鼓勵你與該記者再度合作。記者手邊的題

材很快就用光了，如果你能幫助記者從另一個面向或另一個角色，撰寫一篇與你的專長或工作領域相關的報導，他們絕對樂於和你碰面。

在商業期刊登過好幾篇與我相關的報導後，我與地方上一家位在郊區的報社聯繫，因為附上所有相關剪報，這次很容易就寫出一篇相關報導，還附上我的照片。這次的宣傳效果很好，許多人主動聯絡我，希望與我會晤。他們視我為專家，希望與我合作，相信我若能成為他們的企業顧問，絕對能為他們帶來額外的利益。

你看出來新聞報導的重要性了嗎？其實與新聞稿的目的一樣，都是為了塑造強而有力的正當性。當人們在閱讀報紙時，通常不會認真看待報紙廣告的內容，但卻會認真相信報導中所描述的事件。既然報導都這麼寫了，人們就會相信這是真的。一篇報導的價值，遠比一則高達數千美元的廣告要有效多了。

諷刺的是，有八成的新聞報導內容，多是刻意安排的結果。報導之所以會成為一篇報導，其實過程就如同我所

說的：記者尋求專家的意見，或是專家主動向記者提供消息。而專家之所以為專家，是因為他們在媒體的曝光率夠高，而你也要這麼做。

一旦擁有夠多與你相關的新聞報導，下一步該怎麼做呢？沒錯，你該剪下這則報導，把它們納入你的媒體報導資料袋裡（影印文章時要謹慎小心些，因為你若打算將相關報導印給其他人看，許多公司會要求你支付一定金額的費用）。將更多報導納入你的媒體報導資料袋後，這是很有力的宣傳，之後要獲得媒體的注意就更容易。其他出版公司的記者也會打電話給你，因為新聞領域非常的競爭，在讀完他人的報導後，沒有任何一個記者會希望自己過時，跟不上新聞趨勢。

到這個時候，報導你的媒體層級將會更高，覆蓋率也會更廣。我有幾個客戶在被平面媒體報導過後，因而獲邀上地方廣播電台，有些甚至還上了電視！我想你應該有注意到一件事，每天的地方晨間新聞裡，總會固定出現某些業界人士。事實上，你也可以！在你發表過幾篇文章及新

聞稿，成為報導的主角後，上地方電視節目也不會是件難事。你會發現，上地方晨間新聞節目，其實不像你想的那麼遙不可及，根本用不著花大錢請公關公司為你做宣傳。

另外，要記得將跟你有關的新聞報導等資料，交到潛在客戶、既有客戶，還有極具價值的人際互聯網的聯絡人手裡。上電視或廣播節目受訪時，也要將廣播訪談內容燒成 CD，電視採訪燒成 DVD。如果你的電腦設備不足以支援這些功能，委託他人處理其實要價不會很貴。不過，你得事先確認你有權這麼做，不然最好要支付相關費用，以免產生盜用版權的問題。

作家滋味，無可比擬

最後一個我要教你的策略是：寫本書。其實寫書並不困難，絕不像你所想像的那麼複雜令人卻步。事實上，我在網路上發行的第一本電子書，是集結過去定期發表文章所出版。將這些文章收集成電子書，其實花不到幾分鐘時

間，所以你也該開始定期動筆寫文章了。

出一本書，能夠提高你受人敬重的程度及專業度，其中的奧妙，絕非沒出過書的人可以體會的。這稱得上是獲得領導地位的自動模式。舉例來說，作家們常可獲得有酬勞的演講邀約，原因無他，只因為他們是作者，就可以獲得這樣的禮遇。這可是其他未曾出過書的人，得靠幾十次，乃至上百次的免費演講，才能得到的待遇。所以，想要成名並獲得他人尊重的最快方式，便是寫書、出書。

寫書，跟登上新聞版面一樣，並沒有你想像中的困難。你當然得花時間與精力寫書，不過，內容若是與你熟悉的工作領域相關，難度可減低不少。況且，你用不著寫一本很厚的書。我的第一本書也只有 120 頁而已，但引發的迴響卻很熱烈，而我也因此獲得一筆版稅。你不是為了生活寫書，是為了展現自己的專業而寫，才能讓媒體認真看待你與你的專業。

最簡單的方法，就是從電子書開始。在文書處理軟體上打好文章，再存成 PDF 檔案，放在網站上即可。

　　不要忽視電子書的價值。今日，電子書的影響力已可和一般書籍相比較，也越來越普及。老實說，我的第一本書本來是電子書，在網路上發行 7 個月後，便開始接到來自不同出版社的電話。電子書的好處就是，你幾乎不花一分一毫便能完成；況且，想寄給誰只要直接用 e-mail 寄出就可以了，若是寄給潛在客戶，他們即刻就能明白你是能帶給他們利益的專業作家。

　　下一步是按需印刷。依你的需求，想印幾本書，便印幾本書，不會硬性規定一定幾百本或上千本才能出版。印刷廠隨選列印的機器，可以選擇你列印的書本數量，就算一本也無妨。

　　除了按需求列印外，你也可以接洽傳統印刷廠。但是，若與傳統印刷廠合作，你的印刷份數就得依印刷廠規定，而無法配合你的需求。你要記得寫書的目的，並不是靠它賺錢，而是為了建立自己的信用。

　　到目前為止，我在談的都是自我行銷：不仰賴任何出版社，靠自己的力量出版自己寫的東西。你也必須記得，

這一切都是為了建立你的信用，而不是為了靠它賺錢。但你也別妄自菲薄，不相信自己有被出版社看上眼的時候。畢竟你在自行出版自己的書之前，也不相信與你有關的新聞會出現在 Yahoo! 新聞的網頁上，或是可以在網站上發表文章，被稱為該領域的專業人士，但你現在知道該如何在很短的時間內，達成這些成就。你也許會認為，要在一兩週內讓記者願意來採訪你是天方夜譚，但只要你依照我告訴你的一切去做，這些都是一蹴可幾的。所以，為自己出版一本書並非不可能，只要能將自己塑造成受人認可的專業人士，千萬別忘記，有些機會之門，要等你成為專業人士後，才會出現在眼前。

我的目的是，利用這本書打開你在媒體間的知名度，引起媒體對你的興趣。只要擁有作家的頭銜，大家多會預設你是個專業人士，也更容易獲得媒體的青睞及記者的尊重。當我回覆記者的詢問時，我的作家身分，自然要比其他業務員崇高得多。

最後，你知道在亞馬遜網路書店上註冊賣書，就跟在

eBay 上註冊一樣簡單嗎？你甚至可以在亞馬遜上賣電子書！若你的書能出現在亞馬遜的網站上，就可很容易地塑造出專業的形象，因為多數人相信亞馬遜網站上的書，都是透過出版社出版的書。

這本書的每章節，都是為了加深你在他人眼中的專業權威形象。不管是媒體報導或是擁有自己的書（就算只是電子書也算），都會為你吸引許多潛在客戶，促使他們主動與你聯絡，最重要的是，讓你不需推銷便擁有源源不絕的客戶群。另外，就像我曾說過的，在進行這些事情的同時，其他未曾有過的機會也會主動上門。

當你要與上司討論升遷、加薪或年度考核時，別忘了帶你出的書還有媒體報導資料袋。只要能成為一個受人認可的專業人士，想將你納入旗下的單位絕不會少，你便能夠藉由名聲為自己開價。

第 *11* 章
頂尖業務員都是網路通

你得把自己當作是一間公司的老闆來經營，
代理自己的產品與服務。
然後，再透過網路的無遠弗屆，
與宣傳互動，為你帶來源源不絕的客源。

Selling
Sucks!

利用網路行銷販售，絕對要比登門拜訪、打
電話行銷、消弭對方歧見、運用成交法或是
其他銷售技巧簡單得多。

今日許多業務員犯過最大的錯誤之一，便是不懂得使
用網路，不明白網路的好處，更不知道網路是個極有效的
銷售利器、宣傳工具，功能強大到能幫每一位業務員帶來
源源不絕的潛在客源。

全球資訊網（World Wide Web, WWW），我寧願把它
稱為全球人際網（World Wide Prospecting Web），只要策略
運用得宜，上門的機會絕對超乎你的想像。若能與本書其
他章節學到的技巧搭配使用，相信你會所向披靡，成為頂
尖業務員中最頂尖的人物。

想利用網路成交生意，第一個步驟就是擁有屬於你個
人的網站。我指的不是貴公司的公司網站，而是「你的個
人網站」。我在第10章已經解釋過了，若想成為頂尖業務
員，你得把自己當作是一間公司的老闆來經營，代理自己

的產品與服務。

成立一個專屬網站

公司網站存在的必要性,是為了讓潛在客戶明白,他
們的交易對象是間名聲卓越、財務狀況穩定且組織完善的
企業。不過,公司網站的好壞與你個人無關,很少有企業
會為旗下的業務員架設個人網站,所以你得主動進行。

個人網站對業務員能發揮的效用包括:

1. 讓潛在客戶在利用網路搜尋你的名字時,能直接連上你
   的個人網站。

2. 立即讓造訪網站的客戶,感受到你的專業。

3. 訪客願意以 e-mail 訂閱你提供的電子報。

4. 以企業經營者的口吻,說明你的產品或服務可以帶來什
   麼樣的利益,如果可以的話,附上個案展示成果。

5. 利用現有客戶的正面回饋,證明網站內容屬實,這是網
   路行銷很重要的一環。

在闡述這些要點之前，我還是得告訴你，架設自己的個人網站其實非常容易，就跟本書其他的概念、技巧一樣容易上手。網路上有許多工具軟體，讓你不用耗費太多時間便能架設網站，只要每個月花上幾百元，即刻就可以開始運作（在 NeverColdCall.com/Secrets 上，你可以找到更多提供低價服務的網站）。你只要記得一件事，利用網路行銷販售，絕對要比透過登門拜訪、打陌生電話、消弭對方歧見、運用成交法或是其他銷售技巧簡單得多。我們的目的是，刺激潛在客戶向你購物的欲望。

除了架設網站服務外，你也可以利用微軟的 FrontPage 及 Adobe 的 Dreamweaver 軟體，兩者皆是「所見即所得（又稱 WYSIWYG – What You See is What You Get）」的知名網頁製作軟體。換句話說，你不用知道程式語言也能利用這些軟體製作自己的網站，使用方式就像利用 Word 處理文書，或是 PowerPoint 編輯簡報一樣，只要打入內容、複製貼上你要的圖像照片，檔案內容會忠實呈現在你的網站上。

　　另外，你也可以在網路上找到其他免費或是收費較低的模型，直接套用在這兩套軟體上，再輸入你所要呈現的內容、貼上圖片，再上傳到網路即可。

　　在製作自己的網站前，你得先註冊一個專屬的網域名稱。何謂網域名稱？即人們在瀏灠器上打入的網址，像 NeverColdCall.com 就是我所擁有的其中一個網域名稱。選擇一個簡單易記的網域名稱，但也不用太執著或堅持，因為你會在所有相關資料中印上你的個人網址，所以不用要求他人記住你的網址。

　　至於整個網站的架構，你有兩個目標得達成，就是讓每一個造訪的潛在客戶，都能：

1. 瞭解資訊：建立你在潛在客人心中的專業程度，或是讓潛在客戶提出正面回饋等等。

2. 留下姓名及 e-mail。

　　先從第二點先說起，因為你會希望訪客一上你的網站，便能留下個人資料。

　　讓潛在客戶留下姓名及 e-mail 的重要性，在於你可與他們維持不間斷的聯絡互動，而非聯絡過一次後就老死不相往來。現在，就讓我說明留下潛在客戶姓名及 e-mail 的方法。

　　我相信大家都很討厭收到曾經訂閱的網站，不斷寄出垃圾或廣告信件塞爆電子信箱，所以「註冊即可免費訂閱電子報」，其實對要求他人註冊一點吸引力也沒有。

　　你該做的是，讓人們在註冊登入後，能夠立刻獲得某些未註冊訪客無法擁有的服務。貪小便宜是人的天性，時至今日一直沒有太大改變，所以你該利用這個特點創造優勢。別在網站上寫「註冊即可免費訂閱電子報」，你該寫「註冊即可獲得免費＿＿＿＿＿＿」，空白處填上你可以發送的免費產品樣本。

　　以 NeverColdCall.com 為例，註冊的網友可下載 10 章我第一本書的電子檔，在家學習課程，免費。這可是價值不斐的贈品，因為那本書的單價可是 97 美元。若是人們本來就打算購買該書，立刻就知道這完全未經刪減的 10 章內

容價值所在。這些免費提供的章節，就像買車前供潛在客戶試開一樣。

　　因為我開放免費下載書籍內容，每天都有好幾百人註冊訂閱電子報。相較之前，我只註明「註冊即可免費訂閱電子報」的方式，當時每日僅有 50 位左右的訪者會註冊。

　　如第 10 章所述，你現在瞭解擁有免費電子書的重要性。電子書讓你擁有作者的頭銜，協助你建立無可比擬的專業形象，還能促使潛在客戶主動提供姓名及 e-mail，同意定期收到你寄出的電子報。把電子書的概念稍作變化，對業務員也會產生很不錯的效果。以不同的產業為例，我曾見過業務員利用下列電子書及報導標題，成功地建立起一長串的電子報系列：

1. 邁向家庭財務自由的 7 個步驟。

2. 為孩子未來的教育費用鋪路的 7 個步驟。

3. 尋找打造夢想之家的 7 個步驟。

4. 增加 Widget 產業利益的 7 個步驟。

　　……等等。

　　你大概會想為何我都寫「7個步驟」呢？這是源自馬克‧喬那（Mark Joyner）的「79法則」。這是行銷學中常用到的原則，**若是某產品的價格，在產品行銷策略中應用7或9的數字，或是書名有這兩個數字，銷售結果會比使用其他數字還要好**。舉例來說，一個單價97元的產品，銷售量遠比單價99美元或95美元的產品好，就算95美元的產品明明比較便宜結果也一樣。這正是為何我喜歡把「7個步驟」當作電子書或其他推廣報導的標題。

　　在寫你的免費電子書或免費報導時，記得我曾說過的第一法則，當你在撰寫要給潛在客戶的免費產品內容時，請務必提供有實質幫助的內容，而不要只把這免費贈品當作行銷工具。

　　錯把免費贈品當作行銷工具的業務或行銷人員，絕對會因此惹上麻煩；因為事實絕非如此。

　　提供免費試讀內容給潛在客戶的理由包括：

1. **建立你受人認可的專業形象**。這部分已在前面幾章說明過，不在此多加著墨；換個角度想想，你認為某個專

業人士寄給你看的電子書裡，只是推銷他的產品或服務

嗎？當然不可能。受人認可的專業人士所提供的電子

書，內容必與潛在客戶的利益有關，你也應該這麼做。

2. **讓客戶願意記住你的名字**。若你提供給客戶的電子書或

報導內容言之有物，他們會願意保留這些資訊，並將你

的名字及聯絡資料留在身邊。相信我，這絕對比贈送印

有你名字及聯絡電話的原子筆或日曆有效得多。我用來

開拓人脈用的銷售技巧中，最主要的目的是，讓潛在客

戶能把我的名字記住久一點，過去利用寄送郵件或打陌

生電話的方式，不僅容易被潛在客戶直接拒絕，他們對

你的記憶也只會停留那短短幾分鐘，而不像我所說的方

法那麼有效。

3. **擴散式行銷**。別被這名字給嚇到了，係指提供使用者相

關工具，讓他們在使用後能夠透過口耳相傳的方式傳播

出去。

口碑行銷基本上是最好的行銷方式，因為人們會比較

相信朋友的使用意見（口碑行銷及客戶推薦基本上是同一種行銷手法）。問題在於，你如何讓使用者願意推薦你的產品或服務。你僅能希望客戶會這麼做，因為沒辦法強制要求他們。

若你提供的電子書內容極有價值，人們自然會將它轉寄給朋友或同事，透過這種方式為你的電子書做宣傳推銷。人們寧願選擇用 e-mail 寄有用的電子書給他人，而不會特地為了此事打電話給朋友，就像大家都會轉寄各種笑話互相分享，卻很少人會為了分享笑話而打電話。

若你能在免費的報導或電子書的第一頁加上「歡迎轉寄」的字樣，人們會願意轉寄你的文章。以我的文章及電子書為例，我在上頭註明「只要不變更本檔案內容或格式，不以營利方式出售本文，歡迎將本電子書轉寄給朋友，或當作贈品送給客戶，或以任何形式發送。」這樣的簡短聲明能讓他人感到心安，明白自己在轉寄文章或電子書時，並未侵犯他人的著作權。

現在，讓我們更進一步討論這件事情。還記得我的網

站每天都有好幾百人註冊訂閱電子報吧！他們願意註冊的原因，不只是因為可以免費收到一項 97 美元產品的試讀，也是因為在 NeverColdCall.com 輸入個人資料後，他們會讀到的另一項資訊。在按下「送出」鍵後，下一個畫面告訴他們，「在我寄出免費電子書前，請你將本書推薦給三個朋友，只要留下他們的 e-mail，我會再另外寄出三項免費產品作為贈禮。」

這三項免費贈品都是語音銷售訓練節目，可直接從網路上下載 MP3，利用電腦或 iPod 等收聽或是燒成 CD。這些產品在網站上的銷售價格從 47 到 97 美元不等，使用者也明白這些免費贈品的價值，所以會願意向他們的朋友推薦我的網站。事實上，有五成訂閱電子報的網站訪客，會提供三個朋友的 e-mail 給我，而這些被推薦的朋友會上我的網站看看，註冊訂閱又推薦其他人。擴散式行銷機制，正是我的網站能持續快速成長的原因，也是我能迅速成為成功作家的緣故。

在網站上設個「告訴朋友」的頁面非常簡單。在本章

最後面，我會介紹幾個免費資源網站，讓你能輕鬆完成這個步驟。

考量上述這些情況，你就會瞭解為何電子書中不應包含任何華而不實的賣點，而該囊括有用資訊的原因：

1. **建立你受人認可的專業形象**：如果電子書內容僅為了推銷產品，相信沒有人會視你為擁有真本事的專業人士。

2. **讓客戶願意記住你的名字**：沒有人願意把無用的資訊存在電腦或是列印出來，大家都討厭華而不實的推銷台詞。

3. **擴散式行銷**：沒有人願意把沒有實質幫助的文章寄給朋友，他們只會寄有價值有的資訊給朋友。

最後，要記得在電子書中附上網站的連結網址。鼓勵他人轉寄你的電子書或文章的最主要目的，是要讓更多人願意上你的網站，留下個人聯絡資訊，所以千萬別忽略這個重要的細節。

你也該在網站中提供一個表格，讓讀者在收到免費電子書或電子報後回填個人資訊。建議利用提供剪貼式表格

的郵件服務，你就能輕鬆在網站中插入相關表格；而我使用的網站服務是 Pro-Mailer.com；另外，本章最後會附上相關資源的網站連結。

你可以利用這些服務，獲得潛在客戶的姓名及 e-mail，並透過電子報與他們保持長久維持聯絡。吸引讀者上你的網站的另一個目標，是讓他們更瞭解你，更明白你的專業，還有知道你對他們的幫助。

網站設計的第一要點便是簡單明瞭。我曾經提及的「KISS」策略，KISS 是 Keep it Simple, Stupid（保持簡單）的縮寫。沒有什麼比複雜的網站設計、很難開啟的動態首頁更討人厭的，大多數的訪客只要碰上這種網站，多會直接按「上一頁」離開，而不願意點進去看看。

首頁的主要目的，是為了吸引訪客註冊、訂閱電子報、下載免費電子書，還有藉著提供免費贈品，吸引他們將網站分享給朋友知道。為了達成這些目標，我會建議你將首頁設計得越簡單越好，這樣才能吸引訪客願意註冊你的網站。以 NeverColdCall.com 為例，我測試過數不清的網

站形式，才找到我現在使用、最能吸引訪客註冊的網站樣式。

讓顧客第一眼就覺得你很「專業」

你可以注意到在我網站上，特別強調我是「紐約時報最暢銷書作者」及「亞馬遜網路書店第一名暢銷書作者」，並特別引用客戶的正面回饋，以及另一名暢銷書作者的推薦序。這些都是為了建立我在讀者心目中的專業形象。如果你希望網站有效果，你得將這個目標銘記在心。

讓我們更進一步看看我放在首頁的客戶正面回饋，內容絕不只是讚美我的電子報「很棒」，而是明確的說明我的電子報對他們有何實質幫助，像是「你提供的建議非常實用，都是我能即刻執行的技巧。」這樣的正面回饋才有力，不像「我覺得你的電子報內容充實，我建議大家都該讀讀。」那麼模糊。

另外，我也會在客戶的回饋中放上他們的照片，若能

附上當事人照片，可信度會更高，也更具說服力，讓人相信內容絕非捏造。因為網路上有太多人會捏造使用意見，所以你若有辦法證實你拿到的說詞絕無不實，就用盡一切方式證明自己吧。正因如此，若能取得使用者的影音使用心得，那就更有效果。

挑幾個你喜歡他們，他們也感謝你所作所為的客戶，請他們為你寫正面回饋。最佳做法是你自己先寫好推薦詞傳給客戶看，經他們同意後再使用。基本上大多數人都很忙或不想花腦筋寫東西（或兩者都有），所以若你能替願意為你背書的客戶寫好正面回饋，他們會欣然認同。

接著，讓我們來看看首頁上其他作者的背書。他們寫的推薦文也不僅是「本書內容充實有用，我非常推薦！」而已，而是「若你想讓你的企業不再墮入做電話行銷的夢魘裡……」這推薦文就寫得非常明確，讓讀者一看就知道，讀我的書可以終結打陌生電話的困境。該推薦文直指閱讀本書的益處為何，所以訪客才會心甘情願地輸入姓名與 e-mail。

　　另外，造訪我的網站時你會注意到，一進入該頁面，一段由我所錄製的影音片段便自動開始播放。我會將它放在首頁是有原因的，因為加上該影音短片後，註冊人數明顯增加。影片內容言簡意賅，只是邀請訪客輸入他們的姓名及 e-mail，便可獲得 10 章的試讀內容，影片雖然很短，卻很有力，因為該段短片讓訪客知道，頂尖業務員也是個與他們相似的人，這樣能夠引起訪客的共鳴。然而許多業務員在與潛在客戶碰面時，卻表現得像個機器人一樣，只會說些千篇一律的台詞。

　　首頁上的短片讓訪客知道，我是個真正存在、與他們一樣的人；讓他們覺得與我有人際互動，而不僅僅是在看電腦螢幕。在網站上播放我的聲音及照片，都是為了同一個理由。你一定想，有必要放上自己的照片嗎？答案是肯定的。如果有必要，可以去找專業攝影師拍張照，不然也得挑張看起來好看的。

　　你的網站設計，應該跟我的一樣力求精簡。我再一次強調，簡單清爽的網站效果最好，過於複雜的網站使人無

法親近。根據你的網站樣式，決定相關連結應放在最上面或是左側那一欄，連結最好不要太複雜，只要包括幾個主要內容網頁即可：像「關於我」、產品或服務能帶給客戶的效益、還有「聯絡我」。

我不建議在「關於我」的那一個網頁，介紹太多關於公司資料，除非你就是老闆，希望利用這些資訊架設企業網站。對你而言，該頁面只是為了讓網站訪客，可以知道你的背景、明白你的專業。千萬要記得，你是自己的老闆，這個網站純粹是為你而設。

用一兩段話簡介你的（學）經歷背景，至於在「關於我」那個網頁，應該要包含下列資訊：

1.新聞稿及其他相關報導網站連結。

2.線上出版品連結（像：EzineArticles.com 或其他網站）。

3.客戶的正面回饋，說明你對他們的幫助，而非你的產品對他們的幫助；像是：「因為有法蘭克的幫忙，我們才能增加企業的生產力及收入」或「法蘭克協助我們打造夢想之家」。

4. 放上你寫的書、電子書或相關報導的封面圖案連結，還
   有在亞馬遜網路書店上你出版書籍銷售頁的連結。

　　當你在寫介紹短文讓讀者更瞭解你時，最重要的部分
是利用參考資料，建立、證實你的專業度。你可以這麼
寫，「某某某（你的大名），文章可見於許多網站，數篇報
導曾引用他的文章，為行銷領域的權威。」（如果這聽起
來與事實不太相符，你現在該做的，就是快點寫幾篇文章
上傳到相關網站，並發表幾份不錯的新聞稿，那麼這段描
述就是真的了。）

　　你還可以列出你為客戶完成的事情，像是「某某某，
曾向多間企業說明如何增加收入的方式。」如果你希望吸
引企業老闆主動與你聯絡，那麼你的自我介紹就該使用老
闆們的語言，意即內容應該包括他們最關切的三大目標，
以及你能達成的結果。切記！他們只對結果有興趣。

　　至於介紹產品的網頁，則應討論該產品能帶來怎樣的
利益結果，而非產品性能或是含糊其詞的承諾。這裡你

就該放上客戶對產品的正面回饋，而非對你個人的推薦讚美。這個部分，你也該請你合作最愉快的客戶來做，如果能附上客戶的照片，效果會更好。若你有可攜式攝錄影機，錄製一段影音短片也是個不錯的選擇。將這些內容傳上網站其實非常簡單，你只要利用幾個電腦內建的免費軟體即可完工（像微軟的 Windows 系統多內建有 Movie Maker，新型的蘋果電腦也有內建 iMovie 軟體）。

你懂得為何每一個業務員都該擁有自己的網站了吧！就算你服務的企業擁有公司網站，我相信大多數企業都有，你仍舊需要有自己的個人網站，開發自己的人脈、建立你的專業形象、讓人們願意向他人推薦你。

在 NeverColdCall.com/Secrets 裡，你可以找到本章提過的所有資源網站，包括樣版設計網站、虛擬主機經營網站、如何申請個人網域名稱、如何新增照片影音等檔案到網站上、如何在網站上加入註冊表單及推薦表單等。網站中也列出如何宣傳網站的技巧，讓潛在客戶更容易找到你的網站。

Selling
Sucks!

第 *12* 章
頂尖業務員都願意去付出

受人認可的專業人士就像值得信賴的企業顧問，
在與客戶的互動間，
能為他們提供一般業務員無法付出的額外價值。

Selling
Sucks!

不要求回報，仍願意為客戶提供資訊，這就是「價值」。

　　大家常討論業務員應有的價值觀，我自己也常提。但何謂價值？

　　在回答這個問題以前，我先告訴你什麼不叫價值。就我的觀點來說，「價值主張」與我認知定義的價值並不相同，就以業務銷售這個領域來說，是電話行銷及行銷活動中常用的陳舊台詞，目的是向電話另一頭的潛在客戶，展示你有能力提供他們最大價值。

　　我個人認為價值主張的問題，在於它僅僅是個「提議」，一種條件交換。利用以銷售為導向的老套說法，向潛在客戶陳述你能提供的好處。換句話說，你仍然在陳述你能夠提供些什麼，要求對方以金錢做交換，價值主張的說法，只是沒有像「推銷」那麼直接，聽起來比較特別。

　　我認為價值主張的問題，是他們預先假設客戶得先支

付報酬，才能獲得相對價值的產品或服務。若你最重要的額外提議比競爭對手更好，那麼，該項提議就稱不上附加價值。

價值與條件不會同時存在

價值對我而言，是讓潛在客戶收到獲得任何不預期的回報，是客戶不用另外支付任何報酬便得能到的額外服務。**價值不會與條件同時並存，也獨立於報酬以外。**

要成為頂尖業務員，你必須將自己定義為受人認可的專業人士，因為潛在客戶知道，專業人士能提供的價值，是不會要求對方以等值的條件做交換。「提議」是提供對方需付費的產品或服務，「價值」則是非以金錢或對等條件衡量的服務。你為客戶提供的服務，不以金錢來交換，也不是屬於你的業務範圍。對客戶而言，受人認可的專業人士就像值得信賴的企業顧問，在與客戶的互動間，能為他們提供其他一般業務員無法付出的額外價值。

當你架設個人網站，並免費提供潛在客戶有效的報導文章，你就是在傳遞他人無法傳遞的價值。你認識的業務員當中，有沒有人肯花時間寫對潛在客戶有幫助、但卻不一定會花錢買的文章或是電子書？我認識的業務員幾乎沒有人這麼做，我相信你也不認識曾這麼做的業務員。不要求回報，仍願意為客戶提供資訊，這就是價值。

當你讓客戶彼此聯繫，討論溝通你提出的哪一個解決方案最好時，你提供的就是價值。製造商會為使用者成立產品討論區，業務員為何不這麼做？我為客戶開設線上討論區，是因為藉由與其他用戶交流，他們才能彼此交換意見汲取相關經驗，並從中獲得超出產品本身價值的好處。

當你對潛在客戶坦誠你的產品不會比對手的產品更合適時，你傳遞出一種業務領域幾乎不存在的價值——誠實，擁有這個特質的業務員是如此少見，潛在客戶幾乎會即刻決定向你購買較不完美的產品，而非你推薦的競爭者產品，因為他們希望能夠藉著這個機會，與你這樣誠實值得信賴的企業顧問搭上長期合作的橋梁。

　　由於能提供附加價值的業務員是如此稀少，市場必定尚未飽和，若你能傳遞價值給潛在客戶，你也可以成為炙手可熱的業務員。並在口耳相傳下，電話將響個不停，大家都會把你推薦給親朋好友。所有頂尖業務員達遞給客戶的也是價值，你若能這麼做，成功便在眼前，但若是你執意不改，失敗則近在咫尺。

　　想想多數業務員提供的價值（基本上他們沒有提供什麼價值），你就知道為何要求客戶「再推薦三個朋友」徒勞無功。如果你未能傳遞任何價值，客戶根本不會想將其他人推薦給你，平心而論，你也沒有資格要求客戶推薦其他人。凡事皆有代價，天下絕對沒有白吃的午餐，沒有從天上掉下來的禮物。如果你沒辦法傳遞任何附加價值，你根本不值得他人推薦，事情就是這麼簡單。一旦你能傳遞價值，被介紹人自動就會上門，你完全不需要提出這樣的要求。

　　我曾與某位業務員共事過一陣子，他是我所見過傳遞最多附加價值的人。他願意花費許多時間與潛在客戶溝通

互動，只為找出對他們最有利的解決方案，也會對潛在客戶的事業提出合理可行的建議。另外，若客戶需要他的幫助，不管這個狀況與他的產品有沒有關聯，他都會義無反顧前往客戶的所在地，予以協助。

他不期待任何報酬也不計成本的傳遞附加價值，使得潛在客戶不間斷地主動上門。他甚至會將客源交給其他同仁處理，僅要求部分佣金。

這位仁兄每個月的佣金高達五位數的美元，但他從未將時間花在尋找潛在客戶、推銷自己、或是開拓人脈。潛在客戶主動找上門，純粹是因為他能提供的附加價值令人激賞。

你該如何從現在就開始為客戶及潛在客戶提供附加價值呢？我指的價值是，你個人能夠不求任何報酬，為客戶及潛在客戶提供的價值。你能提供的價值包括：你寫的文章、報導、電子書；個人專業帶給客戶的信心；在談話時提供額外的有用資訊等。不管你能做什麼，從現在就開始做，不要在意對方是否已跟你購買產品，或是根本不太可

能與你合作，因為價值是不求任何報酬的付出。

　　前述所說的那位同事，只要客戶需要他的協助，就會絕不遲疑且毫無條件為客戶付出，也不讓客戶有需要打付費服務電話的機會。在明白他成功的原因後，我也開始為客戶不求回報地付出，以提供更多價值。我不再與客戶斤斤計較，反而會主動去服務他們。潛在客戶與我碰面，不是因為他們需要買什麼產品，而是因為他們需要我的協助，就算提供這樣的協助我只能獲得少許（甚至沒有）報酬，我仍舊會提供他們免付費電話，這樣他們才能聯絡技術人員解決相關問題。然而，免付費服務電話常常會變成付費服務，不管問題多小，就算只要花個幾分鐘就可以解決，都是以 1 小時為計算基準，小問題的代價昂貴。

　　於是我變更策略，不再請客戶「打 0800 免付費電話」，而在車上放些簡單工具，並學習如何處理客戶最常需要解決的產品問題。這樣當客戶需要協助時，我自己就能為他們解決。

　　結果呢？人們都感謝我所提供的價值。他們知道服務

電話非常昂貴，知道我不是為了獲取報酬才幫助他們，畢竟我也可以拿這段時間去做別的事、成交別的案子，花在他們身上的時間也許是種損失。最重要的是，他們也知道其實我沒必要做這麼多，我其實只要給他們免付費服務電話，其他就與我無關了。

從那之後，我的形象就不再是個業務員，而是個值得信賴的顧問。人們打電話給我，不單單是為了要向我購買產品，而是為了尋求我的協助與建議。事實上，他們的確會下訂單，而且次數比之前更頻繁。在口耳相傳下，我的聲望急速攀升，不久後我即開始擁有源源不絕的客源。

記住一件事，大多數人對業務員的要求不高，因為大多數的業務員完全不懂何謂附加價值，也從未打算提供附加價值，他們要的只是佣金而已。還記得說服與操控的差別嗎？因為人們對業務員不抱任何期待，你若能提供有利的附加價值，他們都會抓住機會與你合作，而捨棄其他意圖操控客戶的競爭者。

我打算先暫停一會兒，並快速復習一下讓自己不同於

他人的方式：

1. **你得成為具有說服力的人，而非試圖操控他人的人。** 而其他業務員會繼續使用一些陳腐的推銷手法、成交方法，只為讓客戶依他們的指示簽下合約。

2. **你不用再靠電話行銷騷擾他人。** 其他業務員會繼續狂打電話，浪費他人時間，也惹惱這些人。

3. **你的形象將大大不同，成為一個潛在客戶信任的企業顧問。** 其他業務員則會固守原本的形象，繼續用華而不實的語言代替真實的對話，永遠像在渴求客戶的施捨，也永遠不會被客戶視為值得信賴的企業顧問。

4. **受邀在同業聚會中擔任講師與領導人物。** 其他業務員會繼續參加這些活動、與他人哈啦聊天，卻沒有碰上真正會做購買決定的人。

5. **拜你的專業、正直、誠懇與懂得留住優質潛在客戶的能力，你手上永遠有數不清而且會主動聯絡的潛在客戶。** 其他業務員仍會在成交每筆生意後，要求客戶推薦三個朋友，但成效老是不彰，因為他們並沒有為客戶做些什

麼，所以也不可能獲得任何回報。

6. **你的看法與表現會越來越像涵養豐富的企業家，所以企業家會願意與你合作。**其他業務員會繼續詢問無關緊要的問題、提出錯誤的建議，沒辦法看出問題的癥結點，也無法提出提高利潤的改善方式，他們的表現就像井底之蛙，令人無奈。

7. **你的說話技巧，讓你成為魅力十足的知名講者。**其他業務員沒辦法成為像你一樣上得了檯面的人。他們會繼續用軟弱的聲音提出邀約，無法在商業團體裡凸顯自己的存在與價值。

8. **你會成為業界中受人認可的專業人士，並利用自己曾發表過的文章來證明這點，潛在客戶都會爭取與你合作的機會。**其他業務員的地位不變，仍舊被潛在客戶視為只求錢財、無法提出任何有效建議的貪婪傢伙。他們得日復一日地打 50 通電話，試圖拉攏業界人士，因為他們沒有辦法獲得媒體關注，自然也無法獲得業界其他人士的注意。

9. **透過架設網站與線上行銷策略，你自然能開拓人脈，並藉著口耳相傳累積專業度。**其他業務員會繼續抱怨潛在客戶態度不好、打 50 通的陌生電話後繼續成效不彰，卻從未花時間去處理真正有價值的事情。

10. **你提供他人附加價值，他人也會推薦朋友或以同等的機會回報。**其他業務員則會繼續斤斤計較自己曾為客戶做過的事，所以不會獲得任何回報。

　　在我將上列要點再讀一次時，我發現它們都有一個共通點：**價值**。上面的每一項要點，用不同的方式呈現在客戶與潛在客戶與客戶眼前時，都傳達同一個概念，就是創造價值。每一個要點，都是邁向頂尖業務員的不同祕密，都是頂尖業務員創造的不同價值。若要用一句話總結本書，解釋頂尖業務員的成功之處，我會說「頂尖業務員創造價值」，這是一般業務員從未想過要去做的事。

　　若能照著頂尖業務員的祕訣去做，你不僅成名在望，也能為客戶創造極佳利益，這豈不是兩全其美？

　　學界已經提出許多理論，解釋不求回報的付出為何能
如此有效的原因。拉爾夫・沃爾多・愛默生[1]曾寫過一篇
關於補償律的文章，說明大自然有其既定法則，凡事力求
平衡，不管好壞終有一日將報以相對應的結果。再以《思
考致富聖經》這本書所指的「走一哩路的原則」[2]，只要多
走一哩路，就能夠凸顯自己的價值，令他人願意主動與你
合作。也有人說，若你不求回報地付出，反而可以獲得意
料之外的報酬與成功的人生。

　　我不知道哪個說法才對，但我知道只要願意付出，就
會有收穫，我不需要明白它運作的原理，只要知道它有效
就好。就像多數人並不知道汽車為什麼會前進、電腦如何
運算，或電視為什麼會出現活蹦亂跳的影像，但他們還是
懂得如何使用這些電子儀器。

1　Ralph Waldo Emerson 愛默生是美國 19 世紀傑出的思想家、散文家、詩
　　人、演說家。是美國文化獨立的代言人，作為超驗主義文學運動的領
　　袖，愛默生熱愛自然，崇尚自我與精神價值，鄙視拜金主義。
2　當羅馬帝國統治以色列人時，法律規定軍人有權力要求百姓替他們扛運
　　物品走一哩路之遙，後來耶穌教導門徒就以多走一哩路來代表出乎意料
　　的愛心與服務。

第 *13* 章
頂尖業務員為潛在客戶打造社群

設立一個開放性社群，

提供潛在客戶還有使用客戶溝通分享意見，

創造供需雙贏的附加價值，

這也是利用擴散式行銷的機制，

透過使用者向他人分享你的專業和產品。

Selling
Sucks!

同在一個討論區的現有客戶及潛在客戶，會
發揮口耳相傳的本領，這正是擴散式行銷最
貼切的案例。

　　你曾否注意到，有許多製造商，尤其是電腦、攝影
機或高科技產品製造商，都會為使用者設置討論區？你知
道他們為何這麼做嗎？他們是為了創造一個社群，讓現有
使用者與可能的潛在客戶互動、討論，以達成下列兩個目
標：第一，討論區會員可以進行腦力激盪、分享想法、互
相幫助，並從中獲得超出產品本身價值的益處；在討論過
程中激發客戶的滿足感，以及發現如何用更創新的方式使
用產品。

　　第二，更重要的一點，同在一個討論區的現有客戶及
潛在客戶，會發揮口耳相傳的本領，透過互相分享，散布
關於這個產品與社群的一切，開啟了話頭，而這正是擴散
式行銷最貼切的案例。

前文曾提到開拓客源的重要性，也推薦你讀另一本專門在談如何開拓客源的書，在我的網站上也免費提供許多開拓客源的點子與方法。為什麼需要讀這麼多資料，只為知道如何開拓客源嗎？很簡單，如果想拿到好的客源，你的客戶必定知道你能提供的好處。想當然爾，若你能創造頂尖業務員能帶來的附加價值，客戶一定態度更熱絡，也樂意介紹朋友給你認識，但他們這麼做的理由，不是為了自身利益，而是因為相信你可以幫助他們的朋友。

創造一個與顧客共享的社群

你該怎麼與不認識你，也沒有朋友認識的客戶搭上線？如何將觸角延伸到還沒有機會幫助到的潛在客戶身上？他們也想不出來有什麼值得推薦的事物可以與朋友分享。設置討論區，就是為了讓使用者與潛在客戶能夠有機會交流、分享意見、腦力激盪，由你引領他們對這個領域多點認識。

　　要建立不同的社群有很多種方式，像是每月舉辦聚會。我知道頂尖的房地產經銷商都會定期為客戶辦派對。你也可以為客戶們舉辦有趣又富教育意味的活動，許多高級車代理商都會籌備踏青郊遊，讓客戶藉此機會試開或試乘。許多企業家也會直接在網路上開設討論室，讓使用客戶及潛在客戶可以互動、問問題，並發掘產品的新功能。

　　我碰巧就是用最後一個方法：線上討論室。在網站上，使用者可以依不同類別進行搜尋瀏覽，閱讀文章及他人留言，也可以張貼自己的問題或回覆他人問題。

　　這也是附加價值的一種，但對象卻是那些尚未購買產品的潛在客戶。這麼做的原因有三：

　　第一，他們可以從使用者身上獲得第一手的相關消息。 有多少潛在客戶能有幾次與推薦人直接聯繫的機會，以確保產品符合需求？線上討論室能解決潛在客戶的需求，因為他們能與使用客戶直接溝通討論。

　　第二，透過使用者的分享，潛在客戶可以間接從我的產品中受益。 這正是附加價值的最大效益，因為大多數與

我做同樣工作的人，對他們的產品內容大多三緘其口，他們只願意將內容分享給有付費的客戶。不過，既然我們知道付出不求回報的好處，所以我決定將線上討論室開放給外人進入，也讓客戶們能與外界討論我所傳授的內容。

最後，也是最重要的一點，客戶能獲得的最大附加利益，其實來自與他人直接討論、分享使用心得及創意想法的過程。對許多客戶而言，這些過程遠比產品本身更有價值（這也是為何客戶不願參加討論室時，我會感到受挫的原因，他們真的錯過太多好東西了）。

從這裡你就知道，創立一個開放性社群，才是提供潛在客戶與使用客戶溝通分享意見，這對雙方都有好處，這也是利用擴散式行銷的機制，透過使用者向他人分享你與你的產品。

最好的方法是什麼呢？說真的，其實沒有最好的方法，但你有幾個選擇可以考慮。

線上討論室

我最喜歡這個方法，因為可以馬上開始運作。你可以使用的方法不只這一個，在某些情況下，這也不一定是最有效的模式，不過，你卻可以立即架設一個社群，即刻引導使用者上線參與。

另外，**擁有自己的線上討論室還有另一個不為人知的好處，那就是能令潛在客戶印象深刻**。想想在與潛在客戶碰面後，你若在結尾時告訴他們下面這段話，將會有什麼樣的效果：「我有開個線上討論室，我的客戶會直接在裡頭討論產品使用心得，我也會上線回答他們的問題及疑慮。免費註冊登入，你若有空可以進去討論室，看看大家在討論些什麼，網址是⋯⋯。」

或者，在與潛在客戶碰面前，你可以直接邀請潛在客戶註冊線上討論室，就不需要寄送確認信等老套的招數。

你明白線上討論室的效用了吧！它能夠讓你的潛在客戶驚豔，助你擊垮競爭對手，完全不給他們回擊的機會。

因為在潛在客戶向你購買產品前,你已成功傳遞你的附加價值。不求回報的付出一段時間,就是為成功的未來鋪路。整合線上討論室的兩個影響力:潛在客戶可以直接從使用者那裡獲取第一手消息,以及透過線上討論室傳遞你的價值。這時,你在潛在客戶眼中是重要的,他們會希望只與你合作,其他誰都不要。

線上討論室還可以提供另一個策略上的優勢,你猜得出來嗎:你是否曾在線上討論室張貼過訊息,並發現自己不斷上線去看是否有人回覆你?我時常這麼做。我總是反覆去逛那些我有張貼或回答過問題的討論主題,只是為了想要知道他人對我的發言有何看法。

我說的優勢,就是只要使用者曾上線發表文章,他們就會不斷重回線上討論室檢查是否有人回覆。這效果可不是蓋的,你大概無法想像網站設計者跟網路行銷業者,花了多少時間研究如何讓人們重複造訪同一個網站。

一個線上討論室能立即能達成這個功效。每一次他們重複登入討論室,他們都會想到你,記得你是討論室

的版主，因為你開了這個討論室，對你的專業度更深信不疑。千萬別低估線上討論室，影響力絕對能與人際互聯網相比。我曾在參加過的研討會中，碰過來自世界各地的企業家及作家，並透過討論室與他們保持聯絡數月或數年之久。如果你也能給他人這樣的價值，他們也會很樂意與你合作，促成雙方的交易。

線上討論室的最後一個優勢，也是其他方法共通的優勢，就是讓潛在客戶與使用客戶搭上線，為他們創造新的人際互聯機會。他們會很高興能與有同樣興趣的人聯絡、互動，也會為此感謝你的牽線。這價值甚至比你個人可以提供的附加價值更高。

設立線上討論室非常簡單。大部分的網路虛擬主機公司，都提供簡易操作的自行設定功能，或者你也可以選擇支付少許費用，請虛擬主機公司直接幫你設定。

潛在客戶只要訂閱電子報，便看得到線上討論室的網址，這樣絕對能加快網站使用者成為客戶的速度。客戶若要從網站上直接進入線上討論室，應設定成另開新視窗，

他們才不用離開你的網站。另外，線上討論室在搜尋引擎
的排名總是非常前面，這也是線上討論室的優勢之一，因
為潛在客戶更容易找到你的網站，也會視你為受人認可的
專業人士。

研討會或線上多方通話

　　每月或定期邀請客戶及潛在客戶進行多方通話，讓大
家分享意見與想法，聽聽大家對你是否有什麼批評指教，
並促進參與者互相認識。研討會或線上多方通話與線上討
論室相比，其優勢在於讓參與者能即時表達想法，意見的
傳達要比上線張貼文章等候他人回覆快速得多。

　　在主持多方通話時，將參與者定位為使用者社群。鼓
勵客戶多多參與這類活動，才能夠在討論過程中獲得更多
產品資訊。邀請潛在客戶參與，是為了讓他們見識到使用
者對產品的滿意度，還有你能提供的附加價值。最重要的
是，讓他們注意到你在整個會議中扮演的領導角色。你對

他們的付出，是其他競爭對手無法與你匹敵的優勢，因為其他的業務員都只願意付出一點點。

你可以早點連上多方通話，以便在等待參與者陸續加入時，可以先跟某些參與者打聲招呼聊聊天，先聽聽他人想對你表達的意見。等參加者都到齊後，再針對特定議題提出討論，像是產品特色、某人新發現的產品功能，或是單純的教育客戶。一通具教育意義的電話，可以是由財務顧問負責主講投資種類，或是由房地產仲介解釋購屋時應注意的某些複雜事項。**線上多方通話的目的，絕非邀請大家來閒聊，而是要分享資訊，傳遞更多價值。**

主講的部分結束後，就進入問題與討論。參與者不僅可以向你提問，也可以與其他人分享意見。此時，可以鼓勵參與者多多交流，刺激他們多多思考，才能夠從這次通話中學到許多事情。

除一般定期的線上多方通話，也可以透過網路會議。我和我的顧問團隊就是利用網路進行會議。我偏好使用網路會議，因為可以同步使用許多功能，且能全權掌控會議

流程。召開網路會議時能同步使用的功能包括：影音對談、文字對談、個別文字對談、直接利用電腦視窗進行簡報或投影片報告，或讓參與者直接進入你想分享的網站。

在網路會議室你也擁有最佳主控權。不像透過電話進行多方通話，常會產生你一言我一語的情況。利用網路會議室開會時，你可以設定「問題」鈕，所有有疑問者在點選該鈕後，操作介面上會出現他們的名字，你再選擇該由誰發問，甚至可以決定誰在什麼時間說話。參與者也可以利用文字對談的方式，將他們的問題傳送給你，或是將意見發送給所有人看。網路會議室，實在是主持多方通話最好的方式。

線上服務有許多功能，而且收費一點也不貴，你便能馬上使用那些服務進行你的網路會議。

聚　會

我喜歡透過聚會的方式，因為它擁有其他方法所沒有

的人情味。況且，聚會提供了最佳的人際互聯網，也讓你有機會磨練你的演說技巧。

如果你能預約使用辦公室或會議室也行。一個晚上，你就能著手進行這個計畫。許多房屋仲介常會在自家辦這類聚會，有時只是報告一些事務性的消息，有時卻是輕鬆的雞尾酒會。選擇你覺得自在、能跟客戶維持聯繫，並讓他們有機會與他人社交的方式就好。

至於，這三個方法你該使用哪一個？我建議你全都使用。每一個方法都有不同的優缺點，所以你才該全部使用。你可以開個 24 小時全年開放的線上討論室，可以每月辦一次網路會議，鼓勵客戶參加，也能邀請潛在客戶一同參與，這樣他們才能知道你的行動力十足。至於聚會的次數則不用那麼頻繁，幾個月一次即可。務必要邀請潛在客戶參加，你最合作的客戶會是最佳示範，他們絕對會向潛在客戶保證你的服務品質。

第 *14* 章
頂尖業務員懂得讓流程精簡

有效地責任分工，

可以塑造個人專業且具主控權的形象，

讓你在潛在客戶心中的形象加分，

顯得更有競爭力。

Selling
Sucks!

透過分工，可以藉助他人的專長能力，完成
其他事前工作，更有效率地完成應該完成的
事情。

　　曾經有許多人寄 e-mail 給我，提到他們不認同我的意
見，覺得我要求他們找專人為他們開拓、管理人脈是大錯
特錯的想法。

　　我絕不是無的放矢，要求業務員這麼做是其來有自
的。第一，業務銷售與開拓人脈本來就是完全不同的技
巧。所以要求一個很有天賦、完全明白頂尖業務員該做
些什麼的人，將他們的寶貴時間花在做電話行銷、處理瑣
碎業務，還有開拓人脈等事情上，根本就是浪費他們的天
賦。為我工作的一個經理曾說，要求一個訓練有素且經驗
十足的業務員，去做電話行銷人員可以做的低薪工作，實
在是太荒謬了。況且，頂尖業務員大多擅長銷售，對陌生
銷售或開拓人脈不感興趣。

　　這正是做電話行銷與工作分派出去的差別。假如業務

員將寶貴時間花在他們做不來也沒有經濟效益的事情上——電話行銷，那完全是浪費他們的時間與精力。不過對善於打行銷電話、敲定碰面的人來說，這樣的工作就不算浪費時間。

還有，在請人打電話時，最好能先設定的目標對象，或是與那些曾留過 e-mail 的人聯絡，而非依照電話簿隨機找人。

前文已經告訴你，時間正是請專人為你敲定碰面機會的最重要原因。時間是我們最重要的資產，遠比金錢還要重要。業務員的首要工作，便是達成交易，才能夠有佣金收入。我們的價值絕非做些促成交易的雜事，而是達成交易。相信沒有任何一間公司會同意業務員不用完成交易，只要做電話行銷或是安排會面就可以賺到佣金。

善用科技讓你更有效率

因為每天的時間有限，也不過是 8 小時，你不覺得應

當全心投入在達成交易上，而非其他事情嗎？

透過將所有的程序自動化，你就能輕鬆達成這個目標。步驟自動化，是將你要做的事情輸入自動系統中，然後，把自由的時間專注在業務銷售上。

把電話邀約的工作交給他人處理，正是步驟自動化的最佳寫照，而且由助理負責聯絡對方，可以塑造你個人專業且具主控權的形象，為你在潛在客戶心中的形象加分，讓你顯得更有競爭力。

大部分業務員會使用的潛在客戶管理軟體或客戶關係管理（CRM）軟體，都是為了步驟自動化所設計的應用程式，讓業務員不用花太多時間管理名片或潛在客戶名冊，也不用特別去記住何時應該打電話給誰。幾乎所有公司都已為業務代表安裝 CRM 軟體。

我在架設我的潛在客戶管理系統時，發現發送精美的宣傳單最能夠吸引人們主動打電話給我。不過，從他們主動上門到決定購買為止，還有很長的一段路要走。所以我很快便決定由傳單發送員來處理這件事情，因為這樣才能

在短時間內發掘可能的商機，也符合成本需求，而我則可以將寶貴的時間專注在談成交易而非開拓人脈上。

責任分工，業績往上翻

許多我曾共事過的頂尖業務員，都已經發展出一套業務流程，除了最後是由業務員負責成交訂單外，流程中的每一個步驟、每一項獨立作業都外包出去由他人處理。

舉例來說，我認識的一位頂尖房地產仲介，會將參觀樣品屋的工作交給新手仲介，這在房地產這一行是非常普遍的情況。而實際參觀房子的工作，則交給較有經驗的老手，等到買家表達確切購買意願時，他才會接手後續的工作。這麼做能有效過濾潛在客戶，並將重心放在購買意願強烈的客戶身上。

該頂尖房地產仲介旗下的其他人員，做的工作只有帶客戶參觀樣品屋與房子，但他們都知道結案後的佣金可觀，而處理最後步驟的頂尖房地產仲介幾乎能談成每一筆

交易。他成功的訣竅，與本書教你的內容一模一樣，人們都景仰他是個受人認可的專家，向他購屋的意願強烈。

他會將部分佣金分給其他負責不同業務流程的仲介人員，而分出去的佣金對他而言僅是九牛一毛，因為在採用流程分工制度後，他賺的錢比之前多上好幾倍。原因為何？因為他將重心全部放在與買家周旋，而非其他只想看看房子的潛在客戶上，所以他最主要的工作便是負責完成交易。

在將其他步驟自動化後，他便擁有更大的揮灑空間，這正是所有頂尖業務員最大的優勢。透過分工，可以藉助他人的專長能力，完成其他事前工作。我聘請人員負責發送傳單，也是基於分工原則，利用他們的時間與能力，更有效率地完成應完成的事情。請人負責敲定碰面時間也是同樣的道理，我不用再花好幾個小時敲定與潛在客戶碰面，反而可以利用這段時間與約好的人見面。我的重心只放在拿到合約跟獲取佣金上。

剛剛提及的房地產仲介，也是利用這樣的能力分工，

將成交前的準備工作交給其他處理較低階事務的仲介，這樣才能全心投入於成交案件上。而藉著旗下仲介的業務能力，整個過程才能順利到達最後的臨門一腳。

整理你每天做的事情，有哪些工作其實可以委託他人處理，你才能夠更自由地運用時間。在做每一項工作之前問問自己，若在進行該工作及與有購買意願的人碰面之間做一選擇，哪一項比較有價值。

以我來說，過去我自己做的工作如今都已外包出去，現在才有時間坐在這裡寫這本書。我將時間全部投入在思考、思索下一本書的內容、產品及指導學習計畫上。事實上，若不靠他人的分工協助，我也沒辦法開始一項其他人引領期盼已久的新指導計畫。

若能架設起人脈開拓網站，你就能透過網站的運作，自動找到新的潛在客源，建立個人聲望。

重點在於，頂尖業務員都會運用分工將工作分派給其他人，接著投入他們應該專注的工作上。

Selling Sucks!

第 *15* 章
頂尖業務員創立、運用各種體制

和諧運作本書的各種元素，

並建立自己的專業形象後，

也創造出更多的附加價值和源源不絕的客戶。

接著，準備好成為頂尖業務員吧！

Selling
Sucks!

你得確認你的腳步站得夠穩，才能夠繼續穩健地踏向下一個步驟，最後才能成為頂尖業務員。

　　本章的概念與分工的概念相似，卻不太一樣。創立並運用各種系統，係指整合所有銷售技巧（頂尖業務員的祕密武器）及業務策略中會用到的元素，使得它們能和諧運作，達到最佳效果。以我曾在書中提過的概念為例：

1. 上網發表文章。

2. 發表新聞稿。

3. 獲得媒體報導、博得大眾關注。

4. 爭取在人際互聯網中擔任講者的機會。

5. 架設網站。

6. 運用社會發展中的主控權原理。

7. 先提供價值。

8. 學習企業經營者的思考模式。

9. 學會說服他人，而非試圖操控他人。

現在，讓我們將這些概念以符合邏輯次序的方式重組，建立起我所謂的運作系統。

1. **理論與知識**。上述所列出的項目，有幾項是得透過學習才能獲得的知識；但有些（像與他人碰面時的肢體動作）卻得透過實際演練才能運用自如。這個範疇包含：學著運用社會發展中的主控權原理；學習企業經營者的思考模式；還有學會說服他人，而非試圖操控他人。這些都是在成為頂尖業務員前，該花時間摸索、學習的事，從現在就開始學習這些知識，並養成良好習慣。我稱這部分為內在遊戲，你學習到的知識與培養的自信，都是未來要面對的實際狀況，也是運用其他技巧的基礎。就算你仍在學習階段，也該實際運用我提及的其他策略，才能依序學習每一個技巧。

2. **先提供附加價值**。你若馬上開始，很快就能回收成果。想想你該如何為客戶及潛在客戶提供附加價值，花點時間向一個不太可能購買的人解釋疑慮，也稱得上是你的附加價值。

3. **上網發表文章**。在實際操作其他策略之前，應該先打造
你的專業形象，並擁有證明實力的作品。因為聲望不是
一切，搭配其他策略才能發揮最大效益。在網路上發表
文章，是成為專業人士的第一步驟，因為只要你肯花時
間動腦，並寫下你的想法，用不著花半毛錢就能塑造你
希望擁有的專業形象。

4. **發表新聞稿**。接下來，你最少該發表一則以上的新聞
稿，只要看到你發表的新聞稿登上 Yahoo! 或 Google 新
聞，馬上將該頁面複製、存檔，將新聞內容連同網頁一
起列印出來。

5. **獲得媒體報導、博得大眾關注**。在網路上發表文章及新
聞稿的目的，除了可以增加放在媒體報導資料袋裡的成
果，也讓你能將相關報導寄給媒體，提升被媒體青睞的
機會。記住，這些事情的發生都有先後順序，並非一蹴
可幾。

6. **架設網站**。這正是擁有個人網站的最佳時刻，因為你可
以將已發表的文章、新聞稿及其他報導的連結放在網站

上，你也可以將這些專業經歷寫在網站的自我介紹裡。

7.**爭取擔任講師的機會**。我將爭取擔任講者的機會放在最

後，是因為一旦你有了相關的專業資歷，並在名片、宣

傳單或發給聽眾的講義中附上個人網站，要在人際互聯

網的聚會中爭取擔任講者就更容易了。

雖然這僅是一份大概的流程表，但重點卻在告訴你，

每一項不同策略是有先後順序，而且是以前一項為基礎

的。所以你得確認腳步站得夠穩，才能夠繼續穩健地走向

下一個步驟，方能成為頂尖業務員。

不管是否要加入其他策略，都要遵循上面列出的同一

原則。試著整合這些頂尖業務員的祕密武器，建立一套適

合你的系統，將會戰無不勝、攻無不克。

Selling
Sucks!

第 *16* 章
頂尖業務員不用老掉牙的成交法

有哪一種方法是操控他人的，

答案就是利用書上的成交法來做業務。

你若必須用某一種成交法才能促成交易，

表示你根本沒有盡一個業務員的本分。

Selling
Sucks!

創造附加價值的方式，包括成為受人認可的
專業人士、與潛在客戶一起打造雙贏的局
面、為潛在客戶提出兩全其美的解決方法。

　　若說在銷售領域裡，有哪個技巧最具操控他人的意
圖，答案就是利用成交法來做業務。

　　還記得本書一開始對推銷的定義嗎？頂尖業務員懂得
傳遞附加價值，懂得提出最佳的方法，所以他們永遠不需
要推銷，人們自會主動向他們購買。

　　意圖用成交法來促成交易，是我最不贊同的形式。若
你必須用這種方式來賣東西給客戶，表示你根本沒有盡一
個業務員的本分──提供潛在客戶你的附加價值。

　　如果你依照本書所說的一切去做，並將所有技巧整合
為適用於你的運作系統，你就不需要使用書上那些寫得天
花亂墜的成交法。相反地，人們會對你的表現趨之若鶩。

　　將這個原則謹記在心後，就讓我們來看看有那些仍備
受推崇的成交法，都足以證明那些老派做法仍然存在。

1. **選擇式成交法**。我個人認為選擇式成交法是最狡猾不可取的做法，不過它卻是許多業務員最常使用的成交法之一。我討厭這個做法，因為它的目的便是為了操弄客戶。使用這個方法時，業務員告訴潛在客戶他們有兩個選擇，可以從中選擇一種，這與提供附加價值及合作機會的原則完全違背。頂尖業務員或是任何有良知的業務員都應明白，他們的工作是為潛在客戶擬定最佳解決方案，並將答案告訴客戶；如果你只能做到給客戶不同選擇，由他們決定想要的方案，只能說是你失職，未能為潛在客戶擬定最佳方案。頂尖業務員絕不會藉著給予潛在客戶不同選擇，來操弄他們的決定，他們會以雙方利益為考量，提出一套雙贏的做法。許多業務員常在電話行銷時用上這招，他們可能會說：「我們星期一或星期三碰面好了，您覺得哪一天比較好？」

2. **交叉成交法**。這個方法跟選擇式成交法非常相似，換湯不換藥，你只是將你希望潛在客戶接受的方案，夾在其他兩個方案之中而已，這是最糟糕的做法。

3.**收支平衡式成交法**。業務員會在一張空白紙上列出兩欄，一欄寫著贊成的理由，一欄寫著反對的理由，並與潛在客戶共同列出是否該購買某產品的原因。這個方式最不可取的部分，是你將產品的所有問題統統告訴潛在客戶，千萬別以為只要贊成理由比反對理由充分，潛在客戶就一定會下手；有時，就算只有一個反對理由，只要它夠強，就能全盤推翻掉其他贊成的理由。還有，你若需要與潛在客戶一起分析局勢優劣，請問你的附加價值在哪裡？記住一點，只要你無條件付出，根本用不著任何成交法。

4.**窘迫式成交法**。是逼迫潛在客戶為了面子問題，而不得不購買某產品。我以曾經服務過的電話系統公司為例，由於系統價格非常昂貴，所以潛在客戶對價格常有異議。有些比較尖酸刻薄的業務代表，在潛在客戶對價格提出異議時，常會語帶不屑地回答：「沒關係，我知道我們的產品比較貴，不是每一個人都有能力負擔得起。」這麼說的目的，只是藉著羞辱潛在客戶，逼他們

證明自己有能力購買某產品。這樣的做法，只是顯示該業務員毫無良知，也激怒許多潛在客戶。

5.**贊成推近法**。在使用這個成交法時，業務員會問潛在客戶一堆他們一定會點頭稱是的問題，目的是為了讓潛在客戶習慣贊同業務員提出的問題，最後在某個時間點同意業務員提出的下單要求。不過在真實世界裡，你若沒能提供附加價值，絕對拿不到訂單。雖然客戶也許會同意你提出的一些白痴問題，卻不代表他們被設計說「是」的時候，仍舊會同意你的提議。你這麼做，只是在玩弄他們罷了。幾年前我打算買台新車，在與業務員殺價時，他問我，「您今天想買台新車對吧？」我馬上回答，「不，因為我無事可做，所以打算在你的辦公室內浪費一點時間。」他的策略很明顯的對我無效。不管你是不是打算用這個招數，若想矇騙潛在客戶促成交易，基本上不會有人同意任何對他們無益的提案。

6.**價格調整成交法**。這是零售業最常用的方式，做法很簡單，以優惠價格吸引潛在客戶購買你的產品。不過，

隨時調整產品價格，只會讓潛在客戶覺得你的產品沒什麼價值，這種做法只會讓客戶覺得「你的產品不如他人」。頂尖業務員永遠能以最高價格談成交易，因為他們無條件提供的附加價值，令潛在客戶願意以極高價碼換取與他們合作的機會。在行銷世界裡，價格持續看漲的產品，賣相永遠比價格滑落的產品好，因為高價產品的附加價值，絕對比低價產品來得高。

7. **懷疑式成交法**。業務員在瞭解潛在客戶喜歡某產品的原因後，以相反的理由質疑客戶的想法，試圖刺激他們為該產品辯駁。跟收支平衡式成交法一樣，這個技巧並不完美，因為你不該讓已經心動的客戶，對產品產生疑慮。

在讀完上述這些成交法後，我希望你明白一件事情：只有那些未能提供附加價值的業務員，才會需要用到這些方式。

本書的宗旨，是在告訴你如何為潛在客戶創造附加價值，並提高你的聲望，而這些方式包括成為受人認可的專

業人士；與潛在客戶一起打造雙贏的局面；為潛在客戶提出兩全其美的解決方法；透過演講活動傳達知識等。你提供的最佳利益方案，會讓潛在客戶願意主動與你合作。你若能學會企業經營者的思考模式，也能為客戶帶來更多價值，因為懂得客戶的考量，才能提出最適合的方案。架構一個包含個人資料的個人網站、發送新聞報，都是為潛在客戶提供有用資訊。另外，你架設的線上討論室，也為客戶與潛在客戶之間提供一個互動學習的平台，創造出遠比產品價格更高的價值。

　　頂尖業務員傳遞價值，所以他們永遠不需要使用成交法。只有那些心懷不軌，只想白白賺錢的業務員才會需要。有良知又正直且創造附加價值的業務員，從不需要這些成交法。因為客戶主動會向他們購買。

Selling
Sucks!

第 *17* 章
頂尖業務員為顧客打造社群

頂尖業務員明白口碑銷售是成功的基石，
因此為潛在客戶及使用客戶創造討論社群，
是促使客戶與你繼續合作的動力。

Selling
Sucks!

頂尖業務員提供的附加價值，與一般業務員
所能提供的服務天差地別，而這附加價值早
已遠遠超過產品本身的效益或成本。

　　前面已經說明為使用客戶及潛在客戶創造討論社群的
重要性，透過線上討論室、定期多方通話會議還有聚會，
他們能夠互相分享、交流意見，從中獲得更多價值利益。
同樣地，我覺得為使用客戶群組成一個專為他們存在的社
群，也非常重要。

　　相信你已明白頂尖業務員提供的附加價值，與一般業
務員所能提供的服務天差地別，而這附加價值早已遠遠超
過產品本身的效益或成本。為了傳達更多價值給客戶、促
使他們討論你的價值並推薦更多潛在客戶給你，最好的方
式便是為他們打造專屬的社群聚會。許多公司都會為現有
客戶提供客戶專屬的鑑賞活動，那麼，業務員為何不能做
同樣的事呢？

　　頂尖業務員明白口碑銷售是成功的基石，他們知道成

交後的三筆推薦名單絕對不夠。而在成交後詢問客戶對產品的滿意程度或提供後續服務，也不足以讓客戶毫無保留地向朋友或同事推薦你的服務，或是成為繼續與你合作的動力。

你要辦的活動不用很盛大，也用不著像其他公司辦得那麼貴氣，一個簡單的雞尾酒會或午餐聚會，邀請所有客戶一同參加。目的很簡單，就是為了感謝客戶給你服務他們的機會，也讓他們藉此機會認識彼此，開拓人脈。他們一定會感激你辦了一個這樣的活動。

或者，你也可以舉辦講座，依產品內容及性質，分享具有教育意義、對客戶個人或業務上有幫助的資訊。你可以主講這些講座，與客戶分享有用的資訊；或者，你也可以邀請朋友或同事當講者。在成為頂尖業務員、也是大家認可的專業人士後，你會發現你的人脈快速擴張。許多人會主動與你聯絡，包括其他頂尖業務員，或是跟我一樣以教育他人為職、發表知識性文章、公開演講，以及傳遞無價資訊給其他人的專業人士。

漸漸地，客戶對你的推崇與日俱增，他們會忘記你其實是個業務員，反而將你視為值得信賴的顧問。雖然他們照舊跟你購買產品、推薦其他人與你合作，但他們卻將你當作顧問看待。因為專業顧問，正是頂尖業務員在他人心中的形象。

只要你逐步執行這些頂尖業務員的祕密武器，你就會成為客戶及潛在客戶眼中具備高價值的諮商人員。為客戶們辦個專屬社群，讓他們有機會與其他人做交流，有機會與你單獨談談，才能夠加深你的專業形象，並從這些努力中獲益。最重要的是，這些手法會打開你的視野，讓你擁有過去未曾想過的未來。

第 *18* 章
你，成為頂尖業務員的時候到了

成為頂尖業務員的必要條件是：絕佳的行動力。

千里之行始於足下，即使有了最好的方法，

還得靠行動力去實現才行！

Selling
Sucks!

頂尖業務員之所以成功，在於他們踏實的執行計畫，不浪費時間、不拖拖拉拉，現在可以完成的事情，絕不延至明天才做。

在讀完本書後，相信你已經吸收許多新的想法。是不是打開了你的眼界，提出許多你從不知道的概念、策略、技巧與可能性呢！

既然你已擁有這些相關知識，該是你決定未來的時候了。你可以選擇把這本書丟到一旁，繼續過著同樣的生活，然後業績依舊毫無進展，如果你決定這麼做，你就無緣成為頂尖業務員。但我相信你對目前的業績一定不滿意，否則你絕對不會有時間閱讀本書。

或者，你可以放下本書，立即著手執行從本書中學到的事情。要成為頂尖業務員的最重要一個步驟，即是絕不拖延、立即執行。我已經告訴你該怎麼做，所以接下來的成果取決於你。

許多頂尖業務員常給人一種神祕感，原因無他，只因

他們全神貫注在工作及應當處理的事務上，所以不常與辦公室內的其他人進行社交活動。他們不會跟辦公室同仁一起外出用餐，也不會花時間在茶水間裡慢慢喝咖啡與人閒聊，因為他們所有的重心都在追求成功，將時間投注在與成功有關的投資上，而不會將時間浪費在無關緊要的雜事上。對他們而言，時間就該花在能帶來成功的事務上。

　　頂尖業務員之所以成功，在於他們踏實的執行計畫，不浪費時間、不拖拖拉拉，現在可以完成的事情，絕不延至明天才做。

　　現在，也該是你做決定的時候。告訴自己你會從明天、後天、下週甚至下個月開始做你該做的事。不過，你若現在不開始，基本上你就永遠也不會開始，也不可能成為頂尖業務員。或者，你也可以選擇從現在開始踏上成為頂尖業務員的旅程。書中已經清楚說明，做哪些事就可以立竿見影。所以，從今天就開始吧！

　　你的目標是什麼？你希望擁有怎樣的人生？你想賺多少錢？想住在什麼樣的房子？想開怎樣的車子？詳列所有

的目標，並牢牢記住，想想你該成為什麼樣的業務員，才能完成這些夢想。

我想，你一定以某個頂尖業務員為目標，希望成為那樣的成功人士。若能確切執行你已擁有的知識技能，成功將近在眼前。

你若善用我教給你的知識，你不只能成為頂尖業務員，更會發現許多過去不存在的機會大門向你開啟。以我為例，若我不曾是個頂尖業務員，你就不會有機會讀到這本書，我也不可能成為暢銷書作家。

你已經學到該有的技巧與知識，就看你何時開始運用它們。恭喜你已經邁向成功的第一步，你渴望的一切成就指日可待。

致謝辭

　　寫書雖然耗費心力，不過我曾經是業務員，如今要將重心放在相關的教育訓練，把腦中的知識化為文字並非難事。事實上，若要我整天談論與銷售有關的事也非常樂意，因為我熱愛這個工作。

　　直到我寫完本書，付梓出版社後，真正的艱辛才真正開始，所以出版社人員才是付出最多心力的人。首先，我要感謝 Wiley 出版社負責出版本書的小組成員，尤其是麥特・霍特，是他先想到本書的主旨概念，並鼓勵我著手寫作，還有夏儂・瓦哥，她是最先發覺我可以寫作出書的人，也幫助我完成第一本著作《想要銷售，就別再冷漠》的出版。

　　提到《想要銷售，就別再冷漠》這本書，我要向喬維托博士致上我最誠摯的謝意，若非有他協助推廣本書，本書也無法登上亞馬遜網路書店銷售排行榜第一名，甚至也

會被《紐約時報》列為年度暢銷書。

另外，我要謝謝馬克・約拿與麥克・菲爾森，在網路行銷方面協助我良多，也給予我許多建議，否則我的書不可能有這麼好的銷售成果；另外，我也要感謝湯姆・貝爾，他絕對是我認識的人當中，人脈最廣的一位，並引薦我認識許多重量級人物。

我也要謝謝這幾年家人的支持與愛護。在我決定走自己的路，不遵照一般世俗的準則——讀書、進大公司工作、存錢時，他們都支持我，也體諒我。

最後，戴娜，謝謝妳對我的包容、瞭解與愛護，在我身邊不離不棄。